KB009428

상상력의
마술상자, 섬

싱싱력의 마술상사, 섬
_하늘에서 본 섬 이야기

초판 1쇄 발행 2014년 8월 1일
초판 2쇄 발행 2015년 12월 7일

지은이 최현우·최영호
그 림 최현우
펴낸이 이원중

펴낸곳 지성사 **출판등록일** 1993년 12월 9일 **등록번호** 제10-916호
주소 (03408) 서울시 은평구 진흥로1길 4(역촌동 42-13) 2층
전화 (02) 335-5494 **팩스** (02) 335-5496
홈페이지 지성사.한국 | www.jisungsa.co.kr **이메일** jisungsa@hanmail.net

ⓒ 최현우·최영호 2014

ISBN 978 - 89 - 7889 - 287 - 2 (04400)
ISBN 978 - 89 - 7889 - 168 - 4 (세트)

이 도서의 국립중앙도서관 출판시도서목록(CIP)은 서지정보유통지원시스템 홈페이지(http://seoji.nl.go.kr)와
국가자료공동목록시스템(http:www.nl.go.kr/kolisnet)에서 이용하실 수 있습니다. (CIP제어번호:CIP2014021243)

상상력의
마술상자, 섬

하늘에서 본 섬 이야기

최현우 · 최영호 글
최현우 그림

지성사

차례

「UN해양법협약」에서는 섬을 '바닷물로 둘러싸여 있으며, 만조일 때에도 수면 위에 있는, 자연적으로 형성된 육지 지역'으로 규정한다. 또 우리나라 정부는 '섬은 사면이 바다로 둘러싸였으며 다리나 방파제로 육지와 연결되지 않은 지역을 말하고, 제주도 본도는 제외한다'고 정의한다. 그러나 우리는 다리나 방파제로 육지와 연결된 섬도 포함해 섬 이야기를 하려고 한다.

국토가 넓지 않은 우리나라에는 3,358개의 섬이 있다. 이 책에서는 믿기지 않을 만큼 많은 우리나라의 섬을 '색다른 시각'으로 접근해 보려고 한다.

세상에 존재하는 모든 것엔 각각의 명칭이 있다. 섬도 고유한 이름이 있다. 섬의 이름이 붙여진 유래는 세 가지 유형으로 나눌 수 있다. 첫 번째는 섬과 연관이 있는 사건이나 역사적 사실과 관련된 이름이다. 예를 들어 옛날 섬으로 유배되어 온 선비들이 시간이 지날수록 말과 생각이 어눌해진다고 하여 붙인 '눌도'가 여기에 속한다. 두 번째는 섬의 자연환경에서 생겨난 이름이다. 섬에 있는 흙이 황토색이고 섬 모양이 말발굽처럼 생겼다고 하는 '황마도'가 그 예다. 세 번째는 사람들이 멀리서 또는 배에서 바라본 섬의 모습을 보고 직접 붙인 이름이다. 가령, 졸고 있는 사람 같다고 하여 '조름도', 마차의 수레바퀴를 닮았다고 '거륜도車輪島'로 이름 지은 것이 그러하다.

그런데 지금까지 시도한 적이 없는 이름 짓기 방법이 있다. 바로 하늘에서 내려다본 모양을 바탕으로 해서 이름 짓는 것이다. 요즘은 인공위성이나 항공기에서 찍은 사진과 영상을 쉽게 구할 수 있다. 그럼에도 섬의 전체적인 윤곽과 섬의 지형적 특징을 보고 적절한 이름을 붙인 예는 지금껏 없었다.

'그렇다면 하늘에서 내려다본 모양대로 섬 이름을 지으면 어떨까?'

학창 시절 교실 뒤엔 세계 명화가 곧잘 걸려 있었다. 그중엔 프랑스 화가 모네^{C. Monet}의 풍경화도 있었다. 모네는 프랑스 소설가 모파상^{Guy de Maupassant}과 화가 쿠르베^{G. Courbet}가 찬사를 아끼지 않던 바닷가 절경을 그림으로 그렸다. 바로 '에트르타^{Etertat}'이다. 에트르타는 프랑스 노르망디 지방에 있는 경관이 빼어난 해안도시이다. 19세기 전까지

코끼리를 닮은 에트르타의 해안가 절벽 (사진출처:http://pixabay.com)

는 한적한 어촌 마을이었지만, 모파상, 쿠르베, 모네, 르블랑 같은 유명한 예술가들이 찾아들면서 세상에 이름이 알려졌다. 많은 사람의 관심을 끈 것은 바로 '코끼리'를 닮은 해안가의 절벽이다.

사진 속 에트르타는 바닷물을 들이마시는 코끼리의 형상을 쏙 빼닮았다. 지금부터 우리가 바라볼 섬도 이런 방식과 비슷하다. 다만, 다른 게 있다면 이런 모습을 옆이 아닌 하늘에서 본다는 점이다. 늘 가까이 있어 친숙한 것도 다른 시각(관점)으로 보면 왠지 낯설어진다. 지금껏 수평적인 시선으로 보았던 섬을 하늘에서 수직으로 내려다보면 그 느낌은 어떨까? 그때의 섬은 더 이상 무생물체가 아니다. 어떤 섬은 사람을 닮았고, 어떤 섬은 동물을 그대로 옮겨 놓은 듯하다. 우리가 흔히 사용하는 생활용품처럼 생긴 섬도 없지 않다.

위성이나 항공 영상으로 제작된 지도에서 '전혀 다른 시각'으로 만나는 섬은 우리에게 '어떤' 말을 걸어올까? 우리는 하늘에서 내려다본 섬을 재미난 이야기로 만들어 보았다. 역사적 사실을 짚어 보기도 하고, 다채로운 상상력을 발휘해 가상의 세계를 펼쳐 보기도 했다. 바라건대, 조금은 엉뚱한 우리의 이러한 시도가 학창 시절 교실 뒤에 걸렸던 모네의 명화처럼 여러분에게 색다른 감동을 자아내는 자극제가 되었으면 좋겠다.

길은 언제나 앞이 아닌 뒤에 생긴다.
그 길은 뒤에 오는 사람의 새로운 이정표가 된다.

최현우, 최영호

마술상자
속의 섬

마술상자에
들어간 섬

　　운전을 하려고 자동차 운전석에 앉은 부모님은 안전띠

를 매고는 이어서 자동차용 내비게이션^{car navigation}을 켜고

목적지를 입력하신다. 이 자동차용 내비게이션에는 인공위

성에서 실시간으로 보내오는 위도와 경도 같은 위치 정보

를 수신하는 위성항법장치^{GPS, global positioning system}가 있어서

이동 중에도 실시간으로 정확한 길 안내를 받을 수 있다.

이는 내비게이션에 지리정보 시스템^{GIS, Geographic Information}

^{System}으로 제작된 전자 지도^{digital map}가 탑재되어 있어서 가

능한 일이다. 종이 지도의 정보를 디지털 정보로 만든 전자

지도는 위성에서 위치 정보를 받아 지도로 볼 수 있는 것이

고, 지리정보 시스템은 지리적 공간 자료를 저장해 가시화

하고, 분석하는 도구이다.

최근에는 GIS가 시스템이 아닌 공간 문제를 해결하기 위한 개념과 원리들을 연구하는 학문으로 대접받으며 공간 통계와 패턴 분석에 활용되면서 그 의미도 지리정보 시스템이 아니라 '지리정보과학Geographic Information Science'으로 넓어지고 있다.

GIS에서 다루는 데이터 형식은 점, 선, 면으로 된 벡터 데이터vector data와 바둑판 무늬 같은 격자 형태의 래스터 데이터raster data이다. 다시 말해, 지구 위에 존재하는 모든 대상을 지도 위에 이 4가지 형식으로 표현할 수 있다는 얘기이다. 주변에서 흔히 볼 수 있는 가로등이나 나무는 점으로, 도로나 강은 선으로, 건물이나 호수 등은 면으로 나타내는 식이다. 인공위성 이미지나 항공 사진과 같은 이미지 형태의 자료인 래스터 데이터는, 강수량이나 인구 분포와 같이 시공간적 밀집도나 빈도 등 양이나 성분을 나타내는 수치를 연속되는 공간에 표현하는 데 매우 유용하다. 이것을 이용하여 종이 지도를 디지털 자료로 만들어 컴퓨터에 탑재함으로써 앞서 이야기한 내비게이션과 같은 실생활에서 혜택을 누리게 된 것이다. 또한 인터넷과 스마트폰으

로 언제, 어디서나 자유롭게 사용하는 다양한 온라인 지도
서비스도 마찬가지이다.

인터넷 강국이라는 우리나라도 다양한 온라인 지도 서
비스가 제공되고 있어 누구나 상세한 지도 보기와 위치 찾
기는 물론, 전국 도로망과 주변 경관까지 실물 사진으로 볼
수 있다. 이 책에서 사용된 다음 지도(map.daum.net)에도 해
상도 높은 항공 사진과 위성 영상을 서비스하고 있다. 항공
사진은 항공기 등을 타고 고도 약 2,000~5,000미터권 상공
에서 지표를 정밀 촬영한 사진이고, 위성 영상은 고도 약
700킬로미터권 이상의 상공에서 정해진 궤도로 지구를 돌
고 있는 인공위성에서 촬영한 사진이다. 위성 영상은 항공
사진보다 넓은 면적을 찍을 수 있는 데 비해 해상도가 조금
떨어진다. 항공과 위성 사진은 모두 일정한 면적이 겹치도
록 중복 촬영한다. 겹친 영역을 맞춰 여러 장의 사진을 연
결시킴으로써 하나의 영상을 만들어 사용한다. 다음 지도
는 땅 위에 있는 50센티미터 크기의 물체를 식별할 수 있으
며, 보다 넓은 지역 범위에서는 해상도 약 30미터급 위성
영상을 함께 사용한다.

위치를 나타내는 GIS 자료들은 필요할 때에 변형하여

활용할 수도 있다. 섬의 위치를 점 모양의 데이터로 표현하거나 섬의 영역을 선이나 면 등으로 변환할 수도 있으므로 공간을 다양하게 표현하는 데 활용된다. 이런 과정을 거쳐서 원하는 정보를 지도에 간편하게 그려 넣거나 찾을 수 있어 유용하다.

아래 그림은 GIS 데이터로 그린 지도이다. 왼쪽은 섬을 포함한 우리나라 국토 일부를 면의 형태로 그린 것이고, 오른쪽은 그 지도에서 육지를 빼고 섬만 남겨 놓은 것이다. 과학적 데이터로 이런 변화를 줄 수 있다니, 참 재미있지

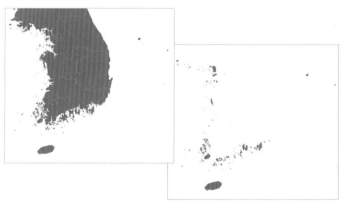

1 2 　**1** 우리나라 국토를 면으로 나타낸 지도
　　2 우리나라의 섬들만 면으로 나타낸 지도

않은가?

아래 지도는 제주도를 중심으로 우리나라 바다에 흩어져 있는 섬을 한자리에 모아 놓은 것이다. 말하자면, 우리나라 섬만 모아서 찍은 '우리나라 섬의 가족사진'이다. 아마도 우리나라가 생긴 이래 섬들만 한자리에 모인 것은 처음일 것이다.

지금껏 이런 지도는 그 어디에도 소개된 적이 없다. 우리는 이 한 장의 우리나라 섬 지도가 여러분의 무한한 상상력을 불러일으키는 첫 시도가 될 것이라 믿는다.

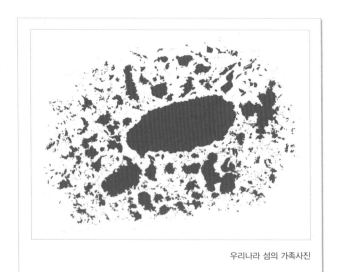

우리나라 섬의 가족사진

이 섬 지도를 여러분의 상상력 속 마술상자 속에 넣고 주문을 걸어 보자. 과연, 이 섬들은 마술상자 속에서 어떤 모습으로 튀어나올까? 마술사는 바로 여러분 자신이다. 자, 다 함께 주문을 걸어 보자.

하나, 둘, 셋!

"열려라, 섬!
나와라, 섬!"

우리나라 섬을 담은 마술상자

섬을 깨우는 방법

　한곳에 모아 마술상자 속에 담아 놓은 섬을 다시 깨우는 방법은 다양하다. 그중 하나는 사람이나 동물, 사물 등 어떤 대상을 미리 정한 뒤에 지도 위의 섬들을 찬찬히 살피면서 비슷한 모양의 섬이 있는지 찾아내는 것이다. 다른 하나는 특정 대상을 머릿속에 따로 생각하지 않고 섬들을 두루 살피다가 우연히 비슷한 실물을 찾아내는 방법이다. 또 하나는 앞의 두 가지와는 전혀 다른 방법으로 섬을 자유자재로, 다양한 각도로 회전 이동시키는 것이다. 보통 지도는 북쪽이 위를 향하고 남쪽은 아래로 향하도록 고정되어 있다. 웹사이트에서 이러한 지도 화면을 갈무리하여 아래한글이나 파워포인트로 만든 파일에 복사해 붙여 편집도구나 이미지 편집 툴로 여러 방향으로 회전시켜 보는 것이다. 회전만이 아니라 영상을 '좌우 대칭'으로 이동하는 방법도 괜찮다.

우리나라의 서해안은 조석 간만의 차이가 크기 때문에 항공 사진을 찍는 시기에 따라 섬 모양이 달라진다. 바닷물이 빠졌을 때에 물 위로 드러나는 섬과 물에 잠겼을 때의 모습도 매번 다르다. 다음 지도에서는 이런 섬들의 모습을 2008년부터 촬영해 '스카이뷰' 메뉴로 서비스하고 있다. 그 중 충청남도 태안군의 안면도에서 8킬로미터쯤 떨어져 있는 내파수도(안면읍 내파수도길)의 2008년과 2009년의 영상을 비교해 보면, 2008년에 비해 2009년에 찍힌 섬의 모습은 바닷물이 더 많이 빠져나가 섬의 육지 부분이 좀 더 드러났다. 이렇게 같은 섬이 다르게 보이는 것은 실제로 섬 모양이 바뀐 것이 아니라 촬영할 때의 조석 크기와 시각이 달랐기 때문이다.

이번 영상은 전라남도 완도군 소안면에 있는 횡간도의 모습이다. 북쪽이 위를 향해 있는 이 지도 속의 섬은 어떤 모양으로 보이는가?

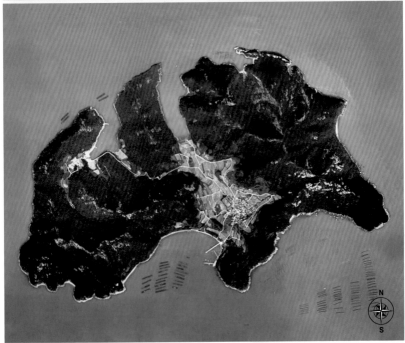

1 2
3

1 2008년에 촬영한 내파수도
2 2009년에 촬영한 내파수도 3 횡간도

무엇인가를 닮은 것 같은데 그게 무엇인지 언뜻 떠오르지 않을 것이다. 먼저 섬의 전체 형상과 세부적 생김새까지를 머릿속에 잠시 그려 본다. 그러고는 사람, 동물, 사물, 그도 아니면 추상화된 형체까지 지금껏 경험한 형상들을 모두 불러내어 비교해 본다. 그래도 떠오르는 것이 없다면 섬의 방향을 한번 바꾸어 보자. 섬 전체를 90도 회전시켜 달라진 모습에서 비슷한 대상이 떠오르지 않는가?

그래도 떠오르는 것이 없다면 그 상태에서 다시 한 번 더 90도를 돌려 보자. 위가 북쪽이었던 처음의 모습에서 180도 회전시킨 셈이다. 아직도 이 섬을 닮은 대상이 떠오르지 않는가?

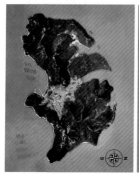 

1 2 **1** 오른쪽으로 90도 회전시킨 횡간도
2 오른쪽으로 180도 회전시킨 횡간도

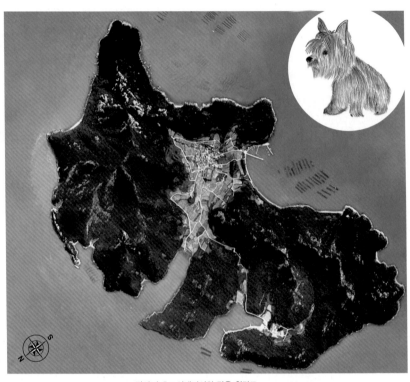

강아지 요크셔테리어와 닮은 횡간도

그렇다면, 180도 회전시킨 횡간도를 다시 50도쯤 틀어
보자. 섬을 230도, 정확히 232도를 회전시키면 서서히 드
러나는 형상이 보일 것이다. '요크셔테리어…….'

쫑긋 선 강아지의 두 귀와 눈의 위치, 늘어진 수염까지 똑같지 않은가? 더욱이 동그라미 속 요크셔테리어와는 앉음새가 같고 앞다리와 뒷다리도 뚜렷하다. 땅끝마을 해남 앞바다에 보길도와 나란히 떠 있는 섬 횡간도는 이제 한 마리의 요크셔테리어가 되어 우리에게 다가온다.

이번엔 다른 섬을 깨워 보자. 이번엔 전라남도 신안군 압해읍에 있는 가란도가 주인공이다. 위가 북쪽인 섬의 사진을 45도씩 여러 차례 돌리다 보면 처음엔 잘 보이지 않던 것이 180도로 회전했을 때 비로소 모습을 드러낸다. 배가 통통한 비둘기 한 마리가 앉아 있지 않은가? 그렇다. 가란도는 비둘기의 머리, 배, 날개와 꼬리의 특징을 잘 품고 있는 섬이다.

횡간도나 가란도처럼 있는 그대로의 섬을 볼 때에는 보이지 않았지만 방향을 조금씩 돌려 다른 각도에서 보면 예상치 못한 대상과 닮은 섬의 모습을 발견하게 된다.

우리가 만든 마술상자에는 날짐승과 들짐승뿐만 아니

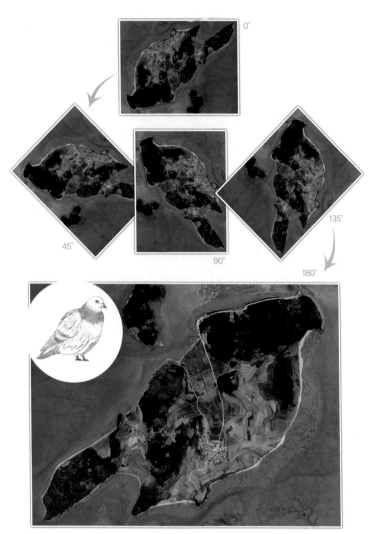

가란도 속 비둘기

라 해양동물도 들어 있다. 다만, 자신의 모습을 감추고 있어서 적극적으로 주문을 걸지 않으면 영영 모습을 보여 주지 않는다. 마술상자 속에는 다양한 모습의 사람들과 형형색색의 사물들로 가득하다. 여러분은 무엇부터 보고 싶은가?

이 책은 저자들이 마술상자에서 섬을 하나씩 꺼내 섬의 위치나 특성(사람 거주 여부, 주소, 경도와 위도)을 설명하고 섬에 얽힌 이야기도 들려주며, 섬의 영상과 섬을 닮은 대상을 비교해 볼 수 있도록 이들의 모습도 보여 준다. 하늘에서 내려다본 섬의 항공 영상에 있는 '방위' 표시는 북쪽을 위로 향하게 했을 때에서 얼마나 회전했는지를 보여 주는 정보이다. 섬의 모양이 실제 섬 모양과 좌우 대칭인 것에는 영상 여백에 ▲▲ 표시를 넣었다.

섬과
동물나라

지치섬 앵그리버드

무인도
충청남도 태안군 남면 거아도리
북위 36°34′04″ 동경 126°11′44″

하늘에서 본 지치섬은 모바일 게임의 주인공 '앵그리 버드Angry Birds'를 닮았다. 불쑥 나온 섬 아랫부분은 앵그리 버드의 오동통한 배처럼 생겼고, 오른쪽 부두는 앙증맞은 부리 같다. 섬에서 유일하게 외부와 연결되는 부두가 하필 먹이를 쪼아 먹는 부리를 닮은 것은 단순한 우연일까?

앵그리버드는 실제로 있는 새가 아니다. 핀란드의 로비오 엔터테인먼트 사가 만든 태블릿 PC나 스마트 기기용 애플리케이션 게임이자 여기에 등장하는 캐릭터이다. 앵그리버드는 다양한 캐릭터와 색상을 지닌 새들을 돌멩이 대신 새총에 끼워서 쏘아 돼지를 잡는 게임으로 세계인들의 사랑을 받고 있다. 휴대전화 생산업체인 노키아 외에 나라를 대표할 만한 기업이 마땅치 않던 핀란드는 이 작은 아이디어 하나로 다시 세계의 관심을 끌 수 있었다.

앵그리버드가 성공할 수 있었던 데는 재미있는 스토리와 더불어 등장하는 새들의 특징적인 성격을 드러내는 갖가지 수식어가 한몫했다. 앵그리버드를 우리말로 옮기면 '화난 새' 또는 '뿔난 새'쯤 된다. 도대체 새가 화난 모습은 어떨까? 빨갛게 달아오른 얼굴, 치켜 올라간 눈썹, 부리부리한

눈매, 앙다문 부리에서 새의 뿔난 감정이 저절로 읽힌다.

사람이 동물의 감정에까지 관심을 가진 지는 얼마 되지 않는다. 근대 철학자 데카르트R. Descarte는 "동물은 움직이는 자동 인형에 불과하다"고 했고, 그 이후로도 여러 학자가 동물의 행동은 자극에 대한 단순한 반응 이상일 수 없다고 주장했다. 그러나 인간이 다른 사람의 고통을 함께 느끼게 되면서부터 인권이 발전하게 되었다며 인권의 역사를 공감의 발견에서 찾은 역사학자 린 헌트Lynn Hunt의 주장은 인간끼리의 관계뿐만이 아니라 이제 인간과 동물과의 관계에까지 확대되었다. 이렇듯 동물의 아픔과 슬픔, 분노와 기쁨을 우리가 공감하게 됨으로써 앵그리버드가 만들어질 수 있었다.

앵그리버드를 닮은 지치섬은 바다의 슬픔과 애환, 고독과 외로움을 다독여 품고 있는 감정의 섬이다. 그 감정은 앵그리버드의 새들처럼 빨강, 파랑, 노랑의 다채로운 색상의 꿈으로 바뀌어 하늘로 날아오르길 꿈꾸고 있다.

가란도 비둘기

유인도
전라남도 신안군 압해읍 가란길(가란리)
북위 34°52′15″ 동경 126°21′58″

난초가 많아서 붙여진 이름 가란도는 하늘에서 내려다보면 영락없는 비둘기이다. 볼록 나온 배도 그렇지만, 머리와 목덜미, 꼬리 부분까지 한 마리 비둘기를 고스란히 옮겨놓은 듯하다. 사람들이 옹기종기 모여 사는 마을은 마치 비둘기가 날갯죽지 안의 하얀 속살을 드러낸 것 같다.

가란도를 품고 있는 비둘기의 이름에 얽힌 어원은 다양하다. 그중 깃털이 빛나고 생김새가 닭과 같다고 하여 원래 '빛나는 닭'으로 부르다가 '빛닭이'에서 '비달기'로, 다시 '비들기'를 거쳐 지금의 '비둘기'로 바뀌었다는 주장이 눈길을 끈다.

서양에서는 비둘기가 평화 또는 사람의 영혼을 상징한다. 부리에 올리브 나뭇가지를 물고 있는 비둘기 모습은 평화를 상징하는데, 성경에 나오는 대홍수와 관련이 있다. 신의 계시로 엄청난 폭우를 피할 방주를 만들어 띄웠던 노아가 대홍수가 지나가자 물이 얼마나 빠졌는지를 알아보기 위해 방주 밖으로 비둘기를 날려 보냈는데, 그 비둘기가 올리브 나뭇가지를 부리에 물고 돌아온 데서 기원한다. 이는 곧 사람들끼리 벌이는 싸움이나 치열한 전쟁이 아닌 대홍수를 일으킨 신과 이를 극복한 인간과의 화해를 의미하는 평화였다.

그러나 동양에서 비둘기는 어리석음의 본보기이기도 하다. 옛날 비둘기 한 쌍이 의좋게 살고 있었다. 때는 만물이 무르익는 가을로, 비둘기들은 맛있게 익은 과일을 쉴 새 없이 물어 날라 둥지를 가득 채웠다. 그런데 따사로운 가을볕에 그만 둥지 안의 과일이 말라서 쪼그라들었다. 이 사실을 안 비둘기 부부는 서로 상대방을 탓하며 싸우기 시작했다. 암컷이 혼자 과일을 먹어 치웠다고 생각한 수컷은 화가 나서 그만 부리로 암컷을 쪼아 죽이고 말았다. 며칠 뒤, 큰 비가 내려 둥지에 있던 과일들이 물기를 머금자 다시 통통해졌다. 수컷 비둘기는 그제야 자신의 어리석음을 깨닫고 크게 한탄하며 뉘우쳤다고 한다.

가란도의 비둘기는 어떤 의미에 더 가까울까? 비둘기를 닮은 가란도는 서로 도와 함께⁽⁾ 일해서 거둔 곡식⁽⁾을 골고루 나눠 먹는⁽⁾ 평화로운 사람들의 이야기를 들려주는 듯하다.

소허사도 까치

무인도
전라남도 신안군 임자면 재원리
북위 35°08′10″ 동경 125°52′00″

항공 사진에서 알 수 있듯이, 전라남도 신안 앞바다에 있는 무인도 소허사도는 섬의 능선이 세 갈래로 나누어져 있고 바닷가를 따라 모래밭이 길게 펼쳐져 있다. 이 섬은 풍화작용으로 바위에 벌집 모양의 구멍이 숭숭 뚫린 타포니tafoni와 바닷물의 침식작용으로 해식동굴이 있으며 희귀식물인 섬향나무가 자라고 있어 특정도서 제96호로 지정되어 있다. 특정도서란 멸종 위기에 놓여 있거나 보호가 필요한 동식물 종이 살거나 지형 또는 경관과 식생이 좋은 곳을 정부가 지정, 관리하는 섬을 말한다. 어떤 사람은 '모래 말고는 볼 것이 아무것도 없'어서 허사도許沙島라 불렀다고도 하지만, 달리 생각하면 모래로 지은 성은 결국 허무하게 무너져 내린다는 뜻에서 이런 이름을 붙인 것은 아닐까?

그런데 하늘에서 내려다본 소허사도는 영락없이 먹이를 향해 내려앉은 '까치' 모양이다. 산등성이의 울창한 나무숲은 까치의 가무잡잡한 깃털을 닮았고, 바닷가 모래밭은 까치의 흰 배에 해당하는 듯하다. 모래밭이 끝나는 곳에서 바다 쪽으로 바위처럼 다시 솟아난 모래톱은 마치 까치발 같다.

까치라는 이름은 '갖갖' 하며 우는 소리를 따서 붙인 이름이라고 한다. 신라 탈해왕과 까치와의 기이한 인연이 『삼국유사』에 전한다. 어느 날 계림의 아진포에 배 한 척이 들어왔다. 때 마침 갯가에서 조개를 잡던 할머니가 까치들이 까맣게 날아와 배 위를 맴도는 광경을 보았다. 괴이하게 여긴 할머니가 배로 다가가 보니 커다란 궤가 하나 있었다. 궤를 열어 보았더니 칠보에 싸인 잘생긴 사내아이가 함께 온 노비들의 보호를 받고 있었다. 이 아이가 자라 훗날 탈해왕이 되었다고 한다.

이러한 연유에서일까? 까치는 동양 문화의 정서로는 길조이다. 특히 아침에 까치가 울면 반가운 손님이 올 것이라고 믿는 풍습도 있었다. 조선 후기의 세시 풍속집 『동국세시기東國歲時記』에도 까치가 우짖는 소리를 좋은 징조로 기록했다. 이와 반대로 서양에서는 까치를 재앙을 몰고 오는 새로 여긴다. 까치가 울면 낯설고 반갑지 않은, 심지어 귀찮은 손님이 온다고 생각했다. 「그리스·로마 신화」에서는 술의 신 바커스 신전에 제물로 바친 새이기도 했다. 까치를 제물로 받은 바커스는 술기운에 혀가 풀려 까치에게 신탁의 비밀을 털어놓았다고 한다.

까치에 대한 동·서양의 이해가 다른 것은 문화의 차이

때문이다. 서양에서 까치가 받는 푸대접을 우리나라에서는 까마귀가 받는다. 까마귀는 모습이 조금 흉측하다는 이유만으로 늘 까치와는 반대되는 의미로 비교된다. 사실 생태학적 관점에서 보면 까마귀는 토양을 되살리는 지렁이처럼, 죽은 시체를 먹음으로써 환경을 깨끗이 하는 데 일조하는 기특한 청소부이다.

재미있는 섬이야기 1

섬이 많은 만큼 재미있고 독특한 이름을 가진 섬을 찾는 건 어렵지 않다. 생활하면서 흔히 접하는 단어가 이름인 섬들도 있는데, 과연 이 섬들에 어떻게 이런 이름들이 붙여졌는지 알아보자.

생일도

전라남도 완도군 생일면 생일로(유서리)에 있는 생일도(生日島)는 이름의 의미가 참 독특하다. 주민들의 본성이 착하고 어질어 갓 태어난 아기와 같다 하여 이런 이름이 붙여졌다.

사후도 매

유인도
전라남도 완도군 군외면 사후도길(영풍리)
북위 34°12′19″ 동경 126°50′50″

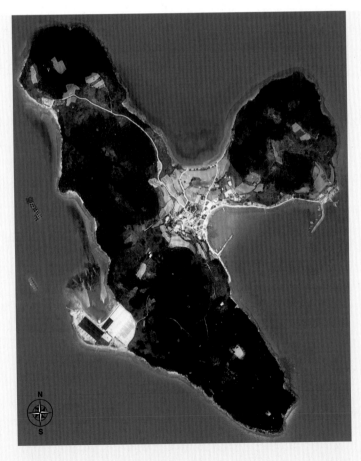

이 섬 이름의 유래는 다양하다. 섬에 모래와 까마귀가 많아 사오도沙鳥島라고 부르다가, 가까이에 있는 딸도(達島)와 어울리는 마치 사위 같다고 하여 사후도로 부르게 되었다는 설이 있는가 하면, 옛날 섬 어귀에 마도진(고려시대 이후 영호남 지방에서 조세로 내는 곡식을 거둬 가는 배가 지나는 곳)이 설치되어 이곳을 정찰하는 배 사후선伺候船이 와 있었기 때문에 사후도가 되었다는 설도 있다.

사후도는 날개를 활짝 펼치고 힘차게 먹이를 향해 급강하하는 매를 닮았다. 매는 신의 심부름꾼(사자)이자 강자를 상징한다. 용맹스러운 사람을 유유히 하늘을 활공하는 매에 비유하는 이유이기도 하다. 날쌔고 용맹스러움은 기본이고, 아무리 배가 고파도 죽은 것은 먹지 않는 습성은 하늘의 제왕으로서 위엄을 갖췄다. 매의 이러한 특징에 빗대어 삶이 힘들고 고달파도 부정한 짓을 하지 않는 고결한 인품을 지닌 의로운 사람을 매에 비유하기도 한다.

서양에서도 매를 고귀한 새로 여겼다. 인간이 근접하기 힘든 해안가 절벽이나 높은 나무에 둥지를 튼다는 이유로 매는 신과 교류하는 신성한 동물로 이해되기도 했다. 눈밑의 검은 띠가 빛을 빨아들여 눈부심을 막아 주는 기능을 하여 태양을 똑바로 보면서 높이 날아갈 수 있기 때문에 매가 신의 메신저라는 믿음이 사람들 사이에 오래도록 이어져 오고 있다.

대각씨도

전라남도 영광군 낙월면 대각씨길(임병리)에 있는 이 섬에는 심성 착한 각시가 살았다. 어느 날 병든 남편의 약을 캐러 산에 오른 각시는 뱀에 물려 구렁이가 되어서 집으로 돌아올 수 없었다. 결국 각시의 남편은 죽고 말았고, 동네 사람들이 장사를 지내 주는 날 섬이 홀연히 슬픈 여인의 모습으로 변했다고 하여 각씨섬이라 부르게 되었다.

넙도 꿩

유인도
전라남도 완도군 노화읍 넙도길(내리)
북위 34°11′39″ 동경 126°30′14″

옛날에는 섬이 넓어 광도廣島 또는 땅 모양이 '게'처럼 생겼다고 하여 '넙게'라고 불렀다. 아마 '넙게'에서 '넙도'로 바뀐 듯하다. '잉도芿島'라는 이름도 있다. 조선시대 김씨 일가는 보길도의 우두에 묘를 쓰면서 풍수지리로 보아 이곳에 소가 있으니 당연히 소를 먹일 풀도 있는 게 마땅하다며 건너편에 있는 넙도를 지목했다. 나무도 많지 않고 평탄해 보이는 넙도는 느닷없이 소의 먹이 창고가 되었고, 이름도 '새 풀싹 잉芿'을 택해 잉도가 되었다. 잉도라는 이름은 지금도 이 섬사람들보다 보길도 사람들이 더 많이 부른다고 한다.

넙도는 날개를 활짝 펴고 나는 한 마리의 꿩과 겹친다. 길고 아름다운 깃은 영광과 위용의 상징이고, 날아가는 모습은 자유의 비상에 비유한다. 하늘에서 본 넙도의 모습도 이와 다르지 않다. 섬 주위로 펼쳐진 푸른 바다는 꿩이 나는 창공이며 그 위를 날개와 꼬리까지 활짝 펴고 한 마리의 꿩 넙도가 날고 있다. 자유를 향해 비상하는 듯한 넙도를 보고 있자니 자유와 비상의 관계를 차원 높게 노래한 김수영 시인의 「푸른 하늘을」이 떠오른다.

푸른 하늘을 제압하는
노고지리가 자유로웠다고
부러워하던
어느 시인의 말은 수정되어야 한다.

자유를 위해서
비상하여 본 일이 있는
사람이면 알지
노고지리가
무엇을 보고
노래하는가를
어째서 자유에는
피의 냄새가 섞여 있는가를

…

(후략)

부도 기린

유인도
전라남도 완도군 금일읍 금일로(사동리)
북위 34°18′44″ 동경 127°07′57″

이 섬은 조선 효종 때 전주 이씨가 처음 섬에 들어와서 마을을 일궜다고 한다. 섬의 모습이 가마솥을 닮아 가메섬이라 불렀다. 이를 한자로 쓰면 가마 부釜 자를 붙여 부도釜島가 된다.

부도의 모습은 기린이 긴 목을 돌려 먼 곳을 응시하는 형상이다. 기린의 몸 전체에 고루 박힌 점까지 빼닮았다고 할 수는 없지만, 두 개의 뿔과 긴 목, 몸을 이루는 전체적인 윤곽은 한 마리의 기린을 연상하기에 부족하지 않다. 긴 목을 돌려 가며 이리저리 둘러보는 모습까지 엿볼 수 있다. 그 모습에 보는 사람들이 절로 무릎을 치게 된다.

기린의 가장 두드러진 특징은 세상에서 가장 목이 긴 동물이란 점이다. 도대체 기린은 이렇게 긴 목을 어떻게 하고 잠을 잘까? 궁금해하는 사람이 많겠지만 잠자는 기린의 모습을 보면 절로 탄성이 터진다. 먼저 몸을 낮춰 바닥에 누운 뒤에 긴 목을 비비 꼬아 바닥에 붙이고 잔다. 우리가 보기엔 매우 불편하고 어색한 수면 자세이지만, 기린은 전혀 불편함이 없어 보인다. 마치 노련한 요가 수련자의 자세 같다. 어찌 보면 목 뒤로 다리를 감아올리고 잠을 자는 요가 달인의 기기묘묘한 자세와도 닮았다.

부도에서 보는 기린의 편안함은 목에서 등으로 이어
지는 부분에서 느낄 수 있다. 온통 바위투성이인 섬의 다
른 곳에 비해 바다를 안으로 감싸고 있는 이곳은 마치 부
드러운 기린의 긴 목이 품어 주는 듯한 아늑함이 느껴진
다. 이곳 바다는 부도에 사는 사람들의 삶의 긴 목을 보듬
어 주고 있다.

당사도 암사자

유인도
전라남도 완도군 소안면 당사도길(당사리)
북위 34°06′16″ 동경 126°35′37″

이 섬의 첫 이름은 제주에서 육지로 들어오는 관문이라는 지리적 의미에서 항문도港門島였다. 조선시대 인문지리서인『신증동국여지승람』에는 좌지도左只島로 소개하고 있지만 발음이 어렵다고 자지도者只島로 바꿨다. 이 이름 역시부르거나 듣기에 거북하여 1982년 정부는 지금의 당사도唐寺島로 고쳤다. 통일신라 때는 해상 무역과도 밀접한 연관이 있는 섬이었다. 그때 본섬인 완도의 장좌리에는 해상 무역을 관장하는 청해진이 있었다. 큰 바다를 건너 당나라로오가는 배들의 무사 항해를 기원하는 제를 완도 옆의 당사도에서 올렸다. 섬 이름도 여기에서 유래했다.

하늘에서 본 당사도는 용맹스러운 사자의 모습이다. 사진의 오른쪽 윗부분은 영락없이 포효하는 사자의 입이다. 크게 벌린 입에선 금방이라도 우렁찬 소리가 나올 듯하다. 울음소리만으로도 사자는 신물神物로 추앙받기에 부족함이 없다. 옛사람들은 궁궐 문의 오른쪽에 수사자를, 왼쪽엔 암사자를 세워 왕의 위엄을 과시했다. 이때 수사자는 권력을 나타냈으며, 암사자는 후손의 번성을 기원하는 상징이었다.

오래전 박광수 감독이 「그 섬에 가고 싶다」(1993)라는 영화를 이곳 당사도에서 찍었다. 임철우 작가의 동명 소설을 영화로 만든 것으로, 아버지의 장지(장례를 치르고 시신을 묻는 땅)를 둘러싸고 고향 사람들과의 갈등을 그리고 있지만, 실은 오랫동안 잠자고 있던 남북 분단에서 비롯된 갈등을 파헤쳤다. 평온하던 섬에 6·25전쟁이 어떻게 휩쓸고 지나갔고, 왜 아직도 그 상처가 아물지 못하고 남아 있는지를 영상에 담아냈다. 모든 전쟁은 비극이지만 가장 비극적인 전쟁은 같은 민족 간에 벌어진 전쟁이란 사실을 명확히 보여 준 영화였다.

영화의 배경이 된 당사도 속 사자들도 종족을 보존하기 위해 이렇게 치열한 싸움을 벌일까? 기이하게도 사자를 닮은 당사도에서 우리는 날렵한 사자와 배가 홀쭉한 사자 두 가지의 모습을 한꺼번에 볼 수 있다.

곤리도 숫사자

유인도
경상남도 통영시 산양읍 곤리길(곤리리)
북위 34°46′51″ 동경 128°21′59″

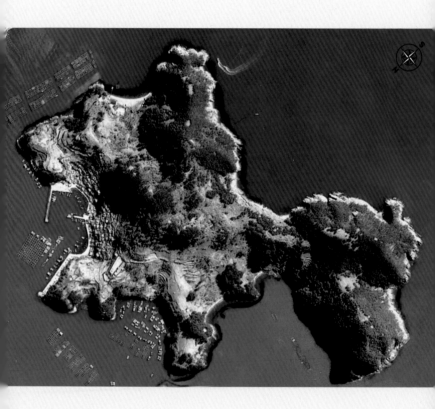

곤리도라는 이름의 유래에는 두 가지 설이 있다. 하나는 섬이 하늘을 나는 고니처럼 생겨서라는 설이고, 다른 하나는 인근 해역에 고니가 많기 때문이라는 설이다. 또 다른 이름 '곤이도昆伊島'와 '곤하도昆何島'도 여기서 생긴 듯하다.

곤리도의 외형적 특징은 한눈에 봐도 알 수 있다. 갈기를 바람에 휘날리며 포효하는 수사자의 모습이다. 사자의 우렁찬 포효에서 누군가는 애니메이션 「라이언 킹」(1994)에 나오는 정글의 왕 무파사를 떠올릴지 모르겠다. 어린 사자 심바는 아버지인 무파사에게 자연의 법칙을 배우며 대를 이어 왕이 되고자 한다. 그러나 삼촌 스카가 반역을 꾀하면서 왕국의 평화는 깨진다. 스카는 하이에나와 결탁한 뒤 심바를 이용해 왕을 죽이고는 그 죄를 심바에게 뒤집어 멀리 내쫓는다. 사막에서 죽을 뻔했으나 티몬, 품바의 도움으로 구조되어 지난 일을 잊고 살아간다. 성장한 심바는 옛 친구들에게서 스카의 폭정과 그 심복들의 횡포로 삭막해진 고향 소식을 듣는다. 내면에 깃든 아버지의 모습을 비로소 찾은 심바는 고향으로 돌아가 스카와 하이에나들과 맞서 싸워 아버지의 원수를 갚고 왕위를 되찾는다.

하늘에서 본 곤리도에서 우리의 눈길을 끄는 것은 크게 벌린 사자의 입 모양이다. 눈가에 여러 겹으로 잡힌 주름과 함께 코 주위로 뻗은 빳빳한 수염, 벌어진 입 사이로 드러난 강한 송곳니가 오랫동안 시선을 놓아주지 않는다. 일부러 수사자를 염두에 두고 지은 것은 아니겠지만, 인공적으로 만든 부두 시설들이 자연 지형처럼 신비롭게 사자에 녹아들어 깊은 감동을 준다.

바다를 향해 열린 곤리도의 포구에서 우렁찬 수사자의 포효를 실제로 듣기란 힘들겠지만, 바람이 불고 파도치는 날에는 사자의 울음소리가 귓전에 들렸을지도 모른다.

어평도 캥거루

무인도
인천광역시 옹진군 영흥면 외리
북위 37°14′31″ 동경 126°23′36″

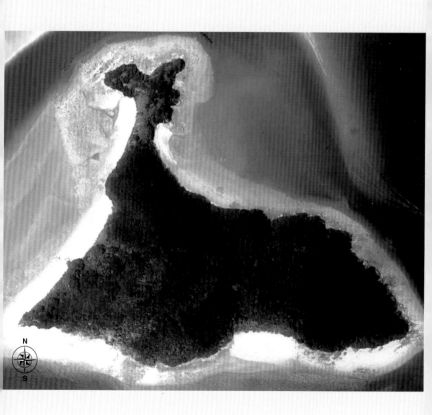

다큐멘터리인 「동물의 세계」나 「동물의 왕국」은 2D 영상이 3D 영상으로, 아날로그에서 디지털로 바뀌어도 꾸준히 인기 있는 프로그램이다. 바람에 나부끼는 얼룩말의 갈기를 세세하게 보여 주는 디지털 영상에 반하지 않을 사람은 드물 것이다. 그런데 이 프로그램은 이토록 놀라운 영상 뒷면에 얼마나 많은 동물이 사라지고 있는지는 말하지 않는다. 야생동물들이 사라지는 것은 영상 때문이 아니다. 숲이 사라지기 때문이다. 누가 얘기했던가, 죄악으로 가는 길은 아름다운 색으로 채색되어 있다고…….

사람도 없는 어평도에 캥거루 한 마리가 살고 있다. 누가 봐도 어평도는 캥거루를 닮아 있다. 그러나 실제로 섬에는 캥거루 대신 멸종 위기 동물인 노랑부리백로가 둥지를 틀었다. 노랑부리백로가 살고 관목형 혼합 활엽수림이 저절로 잘 발달한 어평도는 그 자연성이 우수하여 특정도서 제11호로 지정되었다. 다시 말해, 살아 있는 모든 생물이 마음껏 살아갈 수 있도록 공식적으로 허가를 내준 섬이라는 얘기이다. 그 생물들의 생존 허가서를 자연이 아닌 우리 인간이 내주었다는 점이 역설적이기는 하다. 하긴 사람 역시 자연의 일부가 아닌가. 캥거루를 닮은 어평도는 자연이라는 거대한 존재에게 우리 인간은, 캥거루가 육아낭 속에 늘 품고 다니는 새끼마냥 보살핌을 받고 있다는 사실을 일깨워 주는 듯하다.

함께 산다는 것은, 높고 낮음이 있어 위에서 아래로 베푸는 일방적 관계가 아니라 수평으로 평등하게 서로 나누는 관계여야 한다. 또한 서로의 차이는 인정하되 차별은 하지 않는 우애적 관계가 기본이 되어야 한다. 자연과 사람의 관계도 다르지 않다.

어평도 모습에서 가장 뛰어난 부분은 캥거루 머리처럼 생긴 부분이다. 하지만 캥거루 머리를 도드라지게 하는 것은 따로 있다. 캥거루가 펑퍼짐한 앉음새로, 마치 다소곳하게 다리를 모으고 앉아 있는 듯한 어평도 아래쪽 때문이다. 한마디로 섬의 견고한 기반이다. 어평도가 있는 서해는 조석 간만의 차이가 크다. 바닷물이 들고 나는 차이가 큰 환경이므로 어평도 자체가 견고하지 않았다면, 캥거루를 닮은 어평도는 생겨나지 않았을지도 모른다.

산의도 낙타

무인도
전라남도 신안군 하의면 능산리
북위 34°37′57″　동경 125°56′29″

하늘에서 내려다본 산의도는 낙타 그 자체이다. 낙타는 백 리(약 40킬로미터) 밖에서도 물 냄새를 맡을 수 있어 사막에 살면서 짐을 나르지만, 정작 낙타 자신은 죽어서야 가마를 탄다고 한다. 사람들은 이런 물음을 던지곤 한다. 낙타는 왜 사막에 살아야 하는가? 이는 왜 흰곰이 혹한의 북극에 살아야 하는지를 묻는 것과 같다. 자연은 인간의 시각으로는 풀기 힘들다. 그럼에도 자연은 혹독한 상황에서 생명체들이 함께 살아갈 수 있는 지혜를 직접 보여 준다. 충돌보다는 공존을, 존재적 삶보다 관계적 삶을 중요하게 생각하고 있다는 것을 말이다.

낙타가 백 리 밖에 있는 물 냄새를 맡는다는 말은 그만큼 절박하다는 것을 뜻한다. 바로 그곳이 사막이기 때문이다. 낙타는 자신이 걷는 곳이 물이 절실한 사막이란 것을 알기에 백 리 밖의 '물 냄새'를 감별해 내는 것이다. 낙타가 이럴진대 사람은 어떠할까? 사막을 건너는 상인들도 절실함 때문에 신기루를 만난다. 눈앞에 나타난 신기루는 대체로 오아시스의 모습으로 등장할 때가 많다. 상인들이 걷고 있는 바로 그곳이 사막이기에 오아시스가 신기루로 나타나는 것이다. 사막이 아닌 다른 곳에서는 이런 신기루를 쉽게 볼 수 없다.

멀리 있는 물 냄새를 맡을 정도로 예민한 코를 가진 낙타가 죽기 전까지 등에 싣고 다니는 것은 자신의 짐이 아닌 다른 존재이거나 그들의 짐이 아닌가! 그런 운명으로 태어난 낙타는 살아서는 절대로 자신이 짐이 되어 다른 낙타나 마차에 올라탈 수 없고 죽어서야 비로소 탈 수 있다. 마지막 가는 길에 얻은 작은 안식이라 할 수 있을까? 살았을 때는 오로지 남을 위해 고생만 하다가 죽어서야 꽃가마(상여)를 타는 사람의 삶도 크게 다르진 않지만.

머리 부분에 약간 생채기가 나 있지만 꼬리까지 낙타를 닮은 산의도 역시 사람과 바다를 위해 스스로를 온전히 내어줄 수밖에 없다. 사방을 둘러봐도 사람의 자취를 찾을 수 없는, 바다 한가운데 떠 있는 무인도이기에 오히려 누구나 깃들어 살 수 있는 섬이기도 하다. 멋대로 오가는 파도에 온전히 제 몸을 맡기는 것은 물론이고, 근처에서 갑작스러운 해상 사고를 당한 사람들에게 조건 없이 자신을 내어주기도 한다. 낙타를 닮은 산의도에 어쩌면 바다는 사막의 또 다른 이름일지도 모르겠다.

수치도 돼지

유인도
전라남도 신안군 비금면 수치도길(수치리)
북위 34°44'15″ 동경 126°01'13″

섬 이름 수치도는 조선시대 인문지리서『신증동국어지 승람』과 전국의 읍에서 편찬한 읍지를 모은『여지도서』에서 '愁致島'로 기록되어 있다.

수치도라는 이름을 갖게 된 유래에는 두 가지 설이 있다. 하나는 주민들이 보기에 마을의 형세가 마치 꿩이 졸고 있는 것 같다고 하여 '잘 수睡', '꿩 치雉'를 붙여 수치도라 부르다가 한자만 바꿔 '水雉島'가 되었다. 다른 하나는 섬에 꿩이 많아서 붙인 이름이라는 것이다. 꿩과 관련하여 신라시대 때 어느 장수가 수치도로 유배를 오면서 장끼와 까투리 한 쌍을 들여와 죽을 때까지 길렀다는 전설이 전한다.

하늘에서 내려다본 섬의 전체적인 모습은 꿩이 아닌 돼지와 비슷하다. 돼지는 잡식동물이긴 하지만 사람들이 알고 있는 것처럼 먹보는 아니다. 돼지는 배가 차면 더 이상 음식을 먹지 않는다. 또한 우리가 알고 있는 것과 달리 돼지는 더러운 동물이 아니다. 사람이 더러운 곳에서 길러서 그렇지 돼지는 깨끗한 것을 좋아하는 동물이다.

수치도는 돼지의 주둥이, 발, 몸통은 말할 것도 없고 꼬불꼬불 말려 올라간 꼬리까지 똑 닮았다. 꿩이 개성이 강하고 길들이기 힘든 날짐승이라면, 돼지는 동서양을 막론하고 줄곧 신의 제물로 바쳐 온 들짐승이었다. 우리 인간을 대신하여 제물이 되었던 돼지는 희생의 상징이자 복(재화)의 근원이었다. 돼지꿈을 횡재와 사업 번창의 예시로 믿는 것도 이런 사고에서 비롯되었을 것이다.

추도 고양이

유인도
경상남도 통영시 산양읍 추도일주로(추도리)
북위 34°45′21″ 동경 128°17′44″

추도에는 추자목楸子木이라고도 부르는 가래나무가 많았다. 임진왜란이 끝나고 공 씨가 들어와 정착하면서 사람이 살기 시작한 추도란 이름은 사람이 가래로 땅을 파는 모습과 같다고 해서 붙여졌다. 가래나무 줄기가 방사선처럼 퍼져 있는 탓에 이를 이용해 땅을 갈거나 파기에 좋은 듯해서 이런 이름을 얻었을지 모른다. 그러나 하늘에서 본 추도는 전혀 다르다. 허공을 뚫어지게 응시하며 앉은 고양이 같다. 자신이 노리는 목표물을 뚫어지게 쳐다보며 귀를 쫑긋 세우고 유연한 꼬리까지 빳빳하게 세운 형상이다.

고양이는 쥐를 잘 잡는 탓에 사악邪惡을 잡아먹는 동물로 알려져 왔다. 때문에 학대하면 반드시 앙갚음을 하는 동물로 여겼다. 이와 더불어 주술로 상대방 운명을 좌우하는 영물로도 보았다.

고양이를 긍정적으로 보는 경우도 많다. 옛날에 잉어로 변신한 용왕의 아들이 놀러 나갔다가 어부에게 잡히고 말았다. 잉어는 울며 사정을 말하고 풀려났는데, 이에 용왕은 감사의 뜻으로 어부에게 여의주를 주었다. 부자가 된 어부의 여의주를 탐내던 방물장수 할멈이 교묘한 속임수로 여의주를 훔쳐 냈다. 이 사실을 알게 된 어부의 개와 고양이는 할멈의 집으로 숨어 들어가, 개는 주변을 살피고 고양이는 할멈 집에 사는 쥐의 우두머리에게 여의주를 찾아오게 시켰다. 여의주를 손에 쥔 고양이는 개의 등에 업혀 강을 건너오다가 그만 여의주를 강물에 빠뜨렸다. 개는 포기하고 돌아갔지만, 고양이는 끝까지 지키고 앉아 있다가 죽은 물고기 배 속에 든 여의주를 되찾아 집으로 돌아왔다. 그 후 사람들은 고양이의 헌신을 보상하기 위해 고양이는 집안까지 드나들게 했고, 개는 마루 밑에서 지내도록 했다는 얘기이다.

고양이를 닮은 추도에서 눈길을 끄는 곳은 주민들이 개간한 두 곳이다. 고양이 목에 해당하는 띠 모양의 부분과 배에 해당하는 왼쪽 아랫부분이다. 이 두 군데를 집중적으로 개간할 수 있었던 것은 거친 파도와 바닷바람을 천혜의 방파제가 막아 주고 있기 때문이다. 목 부분에는 바짝 세운 꼬리같이 생긴 방파제가, 배 부분에는 살짝 굽힌 뒷다리 모양의 방파제가 그것이다. 개간한 두 곳을 곧장 잇는 지름길 대신 해안을 따라 길을 낸 것을 보면, 두 지역 사이의 몸통에 해당하는 곳이 지대가 높은 듯하다. 이 지역 때문에 거센 바닷바람이 양쪽으로 나뉘면서 세기가 약해져 주민들도 개간하기 적당한 곳에 나뉘어 자리 잡은 것으로 생각한다. 척박한 땅을 개간하여 두 지역에 모여 살고 있는 추도 주민들에겐 이곳이 따뜻한 안방이지 않을까?

재미있는 섬이야기 3

거칠리도

경상남도 통영시 욕지면 노대리에 있는 이 섬은 밖거칠리도, 안거칠리도, 돌거칠리도, 붙은거치리도로 된 무리 섬이다. 이곳은 해안 지형을 포함해 섬들 사이에 있는 좁은 해협의 물결이 거칠어 거치리섬이라 불렸으나, 한자로 표기하면서 거칠리도(巨七里島)가 되었다.

횡간도 요크셔테리어

유인도
전라남도 완도군 소안면 횡간도길(횡간리)
북위 34°14′38″ 동경 126°36′33″

빗갱이(橫看) 섬으로도 통하는데, 고려시대의 삼별초 항쟁 때 섬에 상륙한 병사들이 주민을 박해한 이후로 섬 근처를 지나가는 배들이 힐끗 돌아보며 지나갔다고 해서 붙여졌다고 한다. 또 다른 주장은 임진왜란 때 충무공 지휘 아래 거북선들이 잠시 머물렀는데 바다 안개가 뿌옇게 낀 날이면 마치 섬 전체가 커다란 전선(전투용 배)처럼 보여 겁먹은 왜병들이 힐끗 돌아보며 달아났다는 데서 유래했다고도 한다. 어느 쪽이든 횡간도란 섬 이름은 전투 중에 붙여진 것이 틀림없는 듯하다.

살벌한 이름의 유래와는 달리 하늘에서 본 횡간도는 귀여운 강아지 요크셔테리어 같다. 동서양을 막론하고 개는 인간에게 헌신하는 이미지를 갖고 있는 동물이다. 그리스 신화에서는 신의 충실한 친구였다. 달과 밤의 여신 헤카테Hekate는 지옥의 개를 데리고 묘지를 돌며 죽은 자를 찾아다녔는데, 이때 개는 어린 의술의 신(醫神) 아스클레피오스Asklepios를 지키는 보호의 상징이었다. 우리나라에서도 개는 집을 지키며 사냥하는 사람을 돕고 잘 보이지 않는 사람을 안내하는 존재였다. 뿐만 아니라 잡귀와 요귀를 쫓아내

거나 재앙을 물리치는 등 집안의 행복을 지키는 복된 존재
로도 여겼다.

   횡간도는 앙증맞게 앉아 있는 자태와 입가의 수염까지
요크셔테리어의 판박이다. 개는 보통 바닥에 코를 대고 가
만히 엎드려 있다가 멀리서 무엇인가 다가오면 귀를 쫑긋
세워서 경계심을 드러낸다. 개들의 민감한 경계심은 살아
있다는 표시이며, 그 예민한 귀 부분에 횡간도 사람들이 살
고 있다. 요크셔테리어가 예민한 떨림으로 경계하듯 횡간
도 사람들은 북쪽에서 불어오는 바닷바람이 뒷산에 부딪힌
후 세력이 약해진 곳에 자리를 잡았다. 이 역시 거친 대자
연에 맞서거나 때로는 순응하며 살아가는 횡간도 사람들의
민감한 경계심이지 않을까?

갈명도 다람쥐

무인도
전라남도 진도군 의신면 구자도리
북위 34°17′06″ 동경 126°20′59″

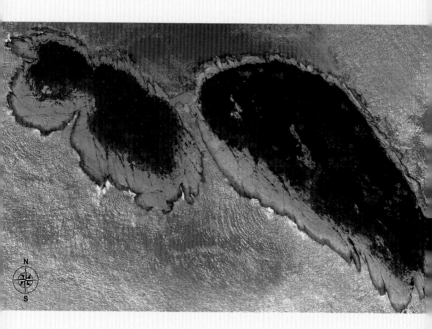

섬에 쥐이 많아 갈명도葛明島라 하며, 갈매기섬이라고도 부른다. 사방팔방 바위가 펼쳐져 있어 사람이 접근하기가 쉽지 않은데, 쥐은 바위가 전혀 장애가 되지 않은가 보다.

하늘에서 본 갈명도는 쥐과 상관없는 다람쥐를 닮았다. 끊어질 듯 이어진 두 개의 섬은 다람쥐가 쭈그리고 앉아서 앞니로 도토리를 열심히 까먹는 모습 같다. 몸보다 유난히 꼬리가 더 큰 다람쥐의 특징까지 갈명도 오른쪽 섬이 고스란히 보여 주고 있다.

한때 유럽을 지배했던 켈트 족에 전하는 이야기로는, 다람쥐와 새는 아일랜드의 전설적 여신 메드브Medb의 표시라고 한다. 아일랜드의 서사시 「쿨리의 소싸움Táin Bó Cuailnge」에 등장하는 여신 메드브는 직접 무기를 들고 얼스터 군대에 맞서 싸웠다. 마법의 힘을 빌려 전쟁하는 여느 전쟁의 신들과는 달랐던 것이다. 이런 메드브에게 각별한 것은 신성한 나무 빌레 메드브bile Medb, 그리고 그녀의 어깨 위에 앉은 새와 다람쥐였다.

다람쥐를 닮은 갈명도는 보면 볼수록 귀엽지만, 한편

으로는 안타까운 마음이 그지없다. 실제로 다람쥐가 사는 자연은 사정이 어떠할까? 다람쥐의 주요 먹잇감인 도토리로 묵을 만들어 먹겠다고 주워 가는 사람이 늘어 먹이가 줄어든 다람쥐는 생존을 위협받고 있다. 다람쥐가 살지 못하는 산이라면 사람도 살 수 없다. 이제 사람들이 다람쥐를 위해 일부러 산에다 도토리를 뿌려 놓지 않으면 안 되는, 생태계 질서가 파괴된 시대가 되고 있다. 다람쥐를 닮은 갈명도를 바라보면서 우리 인간의 욕망을 어떻게 자제하며 살아가야 자연의 미래를 연장할 수 있을지를 생각하게 된다.

재미있는 섬이야기 4

대마도

전라남도 진도군 조도면 대마도길(대마도리)에 있는 이 섬은 큰 말처럼 생겼다 하여 대마도(大馬島)가 되었다. 조선시대에는 말 목장이 있었다고도 한다. 일본어로 쓰시마 섬인 일본의 대마도(對馬島)는 두 개의 섬으로 구성되었다는 뜻으로 한자 음만 같지 의미는 다르다. 공교롭게도 전라남도 완도군 금일읍 장원리와 경상남도 남해군 남면 덕월리에도 같은 이름의 섬이 있다.

대장도 두꺼비

유인도
전라북도 군산시 옥도면 장자도2길(대장도리)
북위 35°49′04″ 동경 126°23′37″

옛날 이 섬에 나타난 어느 도인이 섬을 한 바퀴 돌아보고는 '훗날 크고 긴 다리가 생길 것'이란 말을 남기고 홀연히 사라졌다. 도인의 말을 믿은 주민들은 '대장도大長島'라고 부르기 시작했다고 한다. 섬 이름의 유래치고는 참 기이하지 않을 수 없다.

앙증맞게 앉아 있는 두꺼비처럼 생긴 대장도는 모습만이 아니라 색채도 거뭇거뭇한 두꺼비 피부를 닮아 있다. 그 모습에 흙장난을 하며 전래 동요를 부를 때처럼 절로 웃음이 삐져나온다. '두껍아, 두껍아. 헌 집 줄게, 새 집 다오.' 두꺼비가 비록 외모는 조금 흉측하더라도 수많은 얘기를 지닌 동물이듯이 대장도 또한 흥미로운 구석이 많아 보인다.

유럽에서는 독이나 벌레를 빨아들이는 두꺼비의 능력을 이용해 질환을 치료하는 데 활용했다고 한다. 그런데 일본 설화에 두꺼비는 악령으로 등장한다. 두꺼비 독 때문에 고을 원님이 병이 났는데 두꺼비를 퇴치하고 나서야 병이 나았다는 얘기가 있다. 같은 동양권이지만 우리나라에서는 두꺼비는 보은과 희생의 상징이었다. 우연히 두꺼비를 살

려준 처녀가 구렁이의 제물로 바쳐지게 되자 그 두꺼비가 몸을 던져 구렁이와 싸우다 죽어 은혜를 갚았다는 전설이 전한다.

대장도는 온통 바위투성이에 절벽 천지라서 사람이 살 만한 장소가 쉽게 눈에 띄지 않는다. 그런데 공교롭게도 두꺼비의 항문에 해당하는 섬의 동남쪽 가장자리 부근에 사람들이 옹기종기 모여 마을을 이루며 살고 있다. 마을 앞에는 여느 곳과 달리 아담한 모래밭이 펼쳐져 있고, 그 좌우로는 방파제도 있다. 물살이 세찬 서해의 외딴섬, 바위와 절벽으로 둘러싸인 바위섬 뒤쪽에 숨어 있는 부드러운 모래밭 주변에 오순도순 사람들이 모여 산다. 거칠고 흉측한 겉모습 때문에 두꺼비를 두려워하는 사람도 있지만 그 이면에는 은혜를 갚을 줄 알고 사람에게 유익한 매우 매력 있는 동물이지 않은가!

석황도 도마뱀

무인도
전라남도 신안군 도초면 우이도리
북위 34°40′30″ 동경 125°50′58″

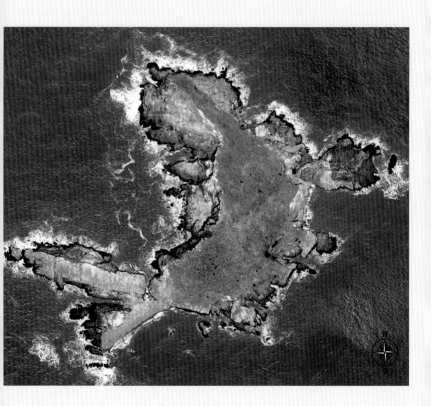

섬의 바위 색깔이 적황색을 띠어 '석황도'라고 부른다. 나무 한 그루 뿌리내리기가 어려울 만큼 온통 바위뿐인 바위섬이다. 나무와 같은 식물이 자라려면 물이 있어야 하는데, 땅에서 솟아나는 샘물은커녕 하늘에서 비가 내려도 고여 있을 만한 곳이 없다. 이렇게 척박한 바위섬 석황도를 하늘에서 내려다보니 영락없는 도마뱀이다.

예로부터 도마뱀과 비는 떼려야 뗄 수 없는 관계였던 모양이다. 조선시대 성현의 문집 『용재총화龍齋叢話』에는 다음과 같은 기록이 있다. 오랫동안 가뭄이 계속되면 사람들은 개천과 도랑을 깨끗이 치우고 기우제를 지냈다. 그리고 도마뱀을 잡아 물독에 넣고는 아이들에게 버드나무 가지로 독을 두드리게 하고 징을 치며 노래를 불렀다.

"도마뱀아, 도마뱀아. 구름을 일으키고 안개를 토하여
억수같이 비를 쏟아지게 하면
너를 놓아 돌아가게 하리라."

그렇게 기우제는 사흘 동안 이어졌다고 한다. 기우제를 모시는 사람들은 도마뱀이 비를 내리게 한다고 믿었던 것이다.

중국에서 도마뱀은 생명력의 상징이다. 도마뱀은 위험에 처하면 꼬리를 잘라 버리고 달아나는데, 잘린 꼬리는 시간이 지나면 다시 나온다. 여기서 중국인들은 도마뱀이 지닌 무한한 생명력을 발견한 것이다. 그러나 서양에서 도마뱀은 이슬만 먹고 사는 동물로 여겼으며 심지어 침묵의 상징이기도 했다.

석황도를 보고 있으면 도마뱀을 닮은 붉은 바위가 선명하게 눈에 들어온다. 또렷한 도마뱀의 모습은 생명력의 소중함을 일깨우며 묘하게 가슴을 먹먹하게 한다. 유독 도마뱀이 비, 물, 생명력 등과 연관 있는 것도 특이하다. 바위섬 석황도가 간절히 물을 기다리듯이 도마뱀도 자신의 재탄생을 바라고 있는 것은 아닐까?

우도 달팽이

유인도
경상남도 창원시 진해구 우도로(명동)
북위 35°05′08″ 동경 128°43′15″

버섯이 자연에 저절로 많이 자라는 섬이라고 하여 '벗섬'으로 불렀으나 일제강점기 때 한자어로 바꾸는 과정에서 '우도'로 잘못 기록된 것이 지금껏 이어져 왔다. 하지만 하늘에서 이 섬을 내려다본 사람이라면 무릎을 치지 않을 수 없으리라. 벗과 달팽이는 서로 상관관계가 전혀 없는데, 어떻게 이 섬이 달팽이 한 마리가 어기적거리며 기어가는 모습과 이렇듯 닮았을까.

꿈에 달팽이가 기어가는 것을 보면 소원이 이루어진다는 얘기가 있다. 아마도 느릿느릿 움직이긴 하지만 어떤 난관이 있어도 포기하지 않고 꾸준히 앞으로 나아가 자신의 목표를 이루는 달팽이 모습에서 이런 해몽이 가능했으리라. 사실 불가능한 일에 도전할 때 사람들은 '달팽이가 바다를 건너는 것'에 비유할 만큼 달팽이는 보잘것없는 존재로 여긴다.

특히 동양에선 소견이 좁고 신분에 어울리지 않게 사는 사람에 비유한다. 이에 비해 서양에선 나선형 껍질은 오랜 시간에 걸친 진화를 의미하고, 주변 상황에 따라 껍질 속으로 몸을 숨기거나 드러내 보이는 달팽이의 반복되는 습성은 죽은 후에 다시 살아나는 불멸의 의미로 해석한다.

달팽이는 단단한 껍질 속에 부드러운 속살을 가지고 있는데, 살짝 스쳐도 깊이 베일 것 같은 면도칼 위로도 아무런 상처 없이 기어갈 수 있다. 달팽이 점액질의 놀라운 효능이다. 그런데 심리학자들은 달팽이의 껍질은 의식, 속살은 무의식을 상징한다고 설명하기도 한다. 특히, 집단무의식 개념을 창시한 융C.G. Jung은 꿈속의 달팽이를 인간 자아의 상징으로 해석하기도 했다.

상징은 그것 자체로 그치지 않고 다른 것과의 관계를 열어 준다. 융의 집단무의식 이론은 열린 심리학의 하나이다. 그는 해답을 사람들의 꿈과 환상에서 찾았고, 이를 위해 수많은 신화·민담·종교적 표상 등을 비교했다. 심리학을 인간의 심성만 다루는 고정된 학문으로 보기보다 여러 인접 학문으로 시각을 넓힘으로써 오늘날 말하는 융·복합적 사유의 실마리를 제시하려 했다.

기어가는 달팽이의 모습을 닮은 우도에서 엉뚱하게도 우리 인간의 자아와 상징, 집단무의식을 생각하게 된 것은 이 섬을 하늘에서 보고 얻은 선물일지도 모른다.

석도 누에

무인도
전라북도 군산시 옥도면 비안도리
북위 35°40′45″ 동경 126°27′53″

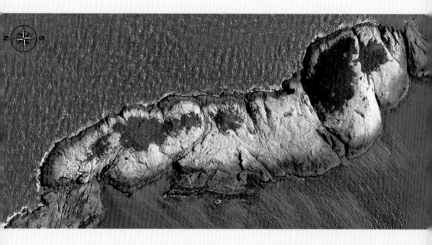

누에란 누워 있는 벌레라는 뜻으로, 흔히 누에나방의 애벌레를 가리킨다. 뽕잎만 먹고 자라는 누에가 알에서 애벌레, 애벌레에서 고치, 고치에서 나방으로 변신하는 과정을 보고 있노라면 놀랍기 그지없다. 누에의 신비한 변신 과정에서 우리는 비단을 선물받기도 한다.

석도는 입에서 실을 뽑아 고치로 변하기 직전의 누에 모양을 닮은 섬이다. 이름의 유래는 확인할 수 없었지만 모습은 누에가 포근히 잠들어 있는 것 같다.

누에가 뽕잎을 먹고 실을 토해 고치를 짓는 동안 자라는 곳을 잠실이라 한다. 전통적으로 잠실은 신성하게 여겼는데, 산모도 드나들지 못하게 할 정도였다. 누에가 먹는 뽕나무까지 귀한 대접을 받았다. 아마도 옷감이 귀했던 시절이라 옷에 대한 감사 표시를 이런 식으로 했는지도 모르겠다. 어느 집안에서는 며느리를 맞을 때, 누에를 길러 본 경험이 있어야 결혼을 시켰다고 한다. 누에를 기르다 보면 자연스럽게 근면함과 성실함을 몸에 익히게 된다는 사실을 알고 있기 때문이었다.

누에에서 뽑은 실로 짠 비단이 유명한 중국에서도 잠

실을 귀히 여겼다. 누에가 잠자는 기간이면 출입을 삼갔고, 뽕나무를 기르는 집이 상을 당하면 다른 지방으로 가서 뽕잎을 사 오기도 했다. 양잠 기술이 없는 일본에서는 누에에서 비단실이 나오는 모습을 보는 것만으로도 외경심을 가졌다.

누에가 하루 종일 기어가는 거리는 얼마나 될까? 천 리 길이 넘는다. 고치로 변한 누에는 비단을 짓고, 비단이 된 누에는 낙타를 타고 사막을 건넌다. 그 길이 바로 비단길silk road이다. 비단길은 낙타가 걷지만 '새로운' 그 비단길을 낸 것은 누에이다. 애벌레가 나비로 변하면 백 리를 날지만, 고치로 생을 마감한 누에는 천 리를 간다. 누에를 닮은 석도는 생김새만으로도 발상의 전환을 생각하게 하는 섬이다.

하화도 해마

유인도
전라남도 여수시 화정면 아랫꽃섬길(하화리)
북위 34°35′39″ 동경 127°37′17″

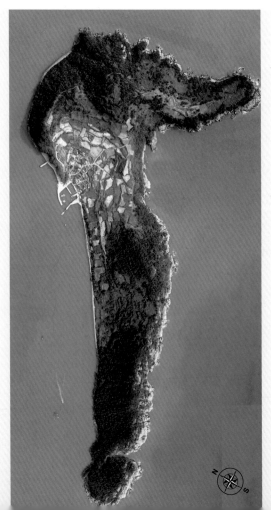

임진왜란 때 인동 장씨가 난을 피해 이곳으로 왔다가 동백꽃과 섬모초가 흐드러지게 핀 두 섬을 보고 '꽃섬'이라 불렀다. 두 개의 꽃섬 중 하화도는 아래쪽에 있어 붙은 이름이다. 하화도는 여수에서 남쪽으로 21킬로미터쯤 떨어진 곳에 있으며, 서쪽엔 상화도, 북쪽으론 백야도가 자리한다. 섬은 구두 모양으로 생겼고, 남쪽 해안에 높은 해식애(해식절벽. 해안 침식과 풍화작용으로 해안에 생긴 낭떠러지)가 있어 풍경이 기이하다. 하화도는 섬을 요리조리 방향을 돌려 볼수록 매력적이다. 마치 장화처럼 보였던 섬이 방향을 틀면 바다에 사는 작고 신비한 말(馬)인 해마sea horse로 변신한다.

해마는 크기가 고작 10센티미터 정도이지만 독특한 생김새로 그 매력은 더해진다. 눈에는 가시가 달려 있고, 등짝에 붙은 등지느러미는 매우 짧다. 다른 물고기에는 찾아보기 힘든 가늘고 긴 주둥이를 가졌으며 머리가 직각으로 꺾여 있다. 생김새가 크기만큼이나 앙증맞다. 큰 부레가 있어 물속에서도 밀리지 않고 한곳에 머물 수 있다. 바닷속에서 직각의 몸을 세워 꼬리로 해조류 등을 감거나 서로의 꼬리를 감고서 쉬고 있는 장면을 보노라면 신기하기 그지없다.

뭐니 뭐니 해도 해마의 숨어 있는 내력은 진한 부성애이다. 캥거루의 앞주머니처럼 해마도 육아낭을 가지고 있다. 그런데 어미인 암컷이 아니라 아비인 수컷에게 있다. 암컷에게 알을 받아 부화할 때까지 육아낭에서 애지중지 돌보아야 하니 해마 수컷의 부성애는 남다를 수밖에 없다. 부화되어 육아낭에서 나온 새끼 해마는 그 순간부터 부모의 도움 없이 혼자 살아간다. 출산과 육아를 암수가 공평하게 함께하는 해마를 닮은 하화도에서 성 평등사회의 본보기를 떠올릴 줄이야! 예기치 않은 결과로, 탐스럽게 핀 꽃 한 송이를 만난 기분이다.

재미있는 섬이야기 5

여자도

전라남도 여수시 화정면 여자대동길(여자리)에 있는 이 섬은 여자만의 중앙에 위치한다. 섬들의 배열이 공중에서 보면 한자 '너 여(汝)' 자로 보이고, 육지와 멀리 떨어져 있어 모든 것을 스스로 해결해야 한다고 하여 '스스로 자(自)' 자를 써서 여자도(汝自島)라 했다. 글자 모양으로 배치된 지리적 조건이 섬 이름을 붙이는 바탕이 되었다니 매우 독특하다.

해하도 물개

무인도
전라남도 고흥군 과역면 백일리
북위 34°46'53" 동경 127°33'26"

근처에 있는 백일도에서 보면 해 뜨는 쪽에 있다고 하여 '해섬'이라고도 한다. 섬의 가장 높은 산봉우리엔 조선시대 때 소식을 전하던 봉수터가 남아 있다.

하늘에서 본 해하도는 영락없이 매끈하게 생긴 물개가 앉아 있는 모습이다. 하늘을 향해 고개를 치켜든 모습은 무엇인가 기도하는 듯도 하고, 공연장의 관람객들을 보려고 이리저리 고개를 돌리는 것 같기도 하다. 하늘을 향해 곧게 뻗은 목선, 약간 불룩하게 나온 가슴 부위와 미끈하게 굴곡져 흐르는 등줄기까지 어느 것 하나 닮지 않은 구석이 없다. 눈이 밝은 사람은 한적한 해하도에서 하늘을 우러러보는 듯한 물개의 눈동자도 어렵지 않게 찾아낼 것이다.

물개는 오징어나 물고기, 갑각류를 잡아먹고 산다. 재주 많은 물개의 매력은 하나둘이 아니다. 무엇보다 자세가 이채롭다. 뭍으로 나온 물개는 앞발을 살포시 모으고 고개를 곧추세우고 앉는다. 그러고는 고개를 이리저리 휙휙 돌리다가 잠깐씩 멈춰 무엇인가를 골똘히 생각하는 듯한 자세를 취한다. 무엇을 응시하는지 게슴츠레한 눈은 반쯤 넋이 나간 것 같기도 하고, 천진난만한 아이의 표정 같기도 하다. 그런 자세를 취하고 있는 모습을 보노라면 조금 전까지 물속에서 날렵하게 헤엄치던 그 물개가 맞는지 의심스러운 생각이 들기도 한다.

물개의 물속 자세도 매력적이다. 뭍에서는 뒤뚱거리고 엉거주춤하며 어기적거리지만 물속에서는 엄청 날렵하다. 물개의 매끈한 피부도 여기에 한몫한다. 물개의 피부는 물의 저항력을 줄여 주며, 몸 자체가 유연하고 날렵하여 헤엄치며 이동하는 데 적합하다. 재미난 상상일 수 있지만, 매끈하고 유연성 있는 피부를 지닌 물개는 이미 태생부터 나노^{Nano} 기술로 온몸을 무장한 것이라 할 수 있다.

재미있는 섬이야기 6

사양도

전라남도 고흥군 봉래면 사양선창길(사양리)에 있는 이 섬의 앞바다가 사방에서 물이 흐르기 때문에 사양도(泗洋島)가 되었다고 한다. 옛날에는 뇌섬(雷島), 노섬(櫓島)이라 부르기도 했다. 주변 지형으로 말미암아 섬 주위의 물 흐름이 빠르고 복잡해 보인다.

장도 바다코끼리

유인도
전라남도 완도군 청산면 장도길(지리)
북위 34°36′58″ 동경 127°00′45″

섬이 일자一字 모양으로 길다고 해서 '장도'라고 불렀
다. 사람들은 흔히 '긴섬'이라고도 한다. 이 섬의 이름도 이
런 외형적 특징에서 유래되었다. '하나 일一' 자의 모양처럼
옆으로 길게 드러누운 장도는 하늘에서 내려다봐도 흥미롭
다. 생활의 편리를 위해 만든 섬의 포구와 방파제가 더해져
또 다른 모습을 만들어 냈기 때문이다. 추운 곳에서 사는
바다코끼리가 따뜻한 우리나라 남해로 와서 송곳니를 드러
낸 채 엎드려 있다.

바다코끼리는 몸체가 우람하여 언뜻 보면 물개와 비슷
하다. 바다코끼리의 육중한 몸은 대부분 회색을 띠며, 머리
는 둥글다. 강하고 바늘 같은 수염이 온통 얼굴에 덮여 있
으며, 눈이 작고 코가 넓적하고 짧으며 바깥귀(외이)는 없
다. 수컷이 암컷보다 3분의 1 정도 더 커서 최대 3미터를
웃돌고 몸무게도 1,260킬로그램쯤 된다. 암수 모두 입아래
쪽으로 자라는 송곳니가 있다. 뭍에 오르면 바다사자나 물
개처럼 지느러미 모양의 네 다리로 걷는다. 바다코끼리는
백 마리 이상 무리를 지어 살며, 수컷 한 마리가 암컷을 여
럿 거느리는 일부다처제 생활을 한다. 새끼는 태어나 2년

동안 이미 곁에서 지낸다.

안타깝게도 바다코끼리의 개체 수가 갈수록 줄어드는
데, 자연도태(환경에 적응한 개체는 살아남고 적응하지 못하면
사라지는 자연의 법칙)보다는 사람들의 욕심으로 그 수가 줄
어들고 있다. 얕은 바다나 유빙 근처에 나타난 바다코끼리
를 그물로 마구 잡기 때문이다. 바다코끼리의 기름, 가죽,
송곳니가 비싸게 팔리자 사냥꾼들도 탐을 내서 바다코끼리
를 점점 더 위기로 몰아넣고 있다.

바다코끼리의 매력은 상아처럼 유난히 긴 송곳니인데,
포구 위쪽에 쌓은 방파제가 바다코끼리의 송곳니를 연출하
면서 장도는 더욱 바다코끼리와 비슷해졌다. 해안에 드러
누워 송곳니를 치켜들고 자랑이라도 하듯이 유유자적하는
장도의 바다코끼리는 그 송곳니가 자신의 특징인지는 알
고나 있을까? 장도의 포구 마을도 송곳니처럼 생긴 방파제
덕분에 섬이 포근해졌음을 알고 있을 것이다. 살아가기 위
해 거센 바다를 숱하게 경험했을 테니까.

섬과
사람들

당사도 아기 업은 여인

유인도
전라남도 신안군 암태면 당사도길(당사리)
북위 34°53′29″ 동경 126°10′59″

신안 앞바다에 위치한 이 섬은 서낭당이 두 채 있고 모래가 많다고 하여 당사도^{唐沙島}란 이름이 붙여졌다. 하늘에서 내려다본 당사도는 영락없이 아이를 업은 어머니이다.

한국 미술사에서 아이를 업은 어머니를 소재로 한 그림이 여럿 있다. 근세에는 박수근의 「아기 업은 여인」이 유명하다. 시대를 훨씬 거슬러 올라가면 조선시대 대표적인 풍속화가 혜원 신윤복의 그림에도 「아기 업은 여인」이 있다. 신윤복은 여인의 모습을 많이 그렸는데 유명한 대표작 「미인도」도 그중 하나이다. 「미인도」는 '배추 잎처럼 부푼 담청 치마, 단이 짧은 저고리, 고개 숙인 앳된 얼굴, 가느다란 눈썹과 고운 눈매, 다소곳한 콧날, 자그마한 입'과 '치맛단 아래로 살포시 보이는 외씨버선과 옷고름을 살포시 쥔 손'까지 고운 여인의 모습을 세밀히 묘사했다. 대상의 가치나 진위 여부를 알아보는 예술적 감식안이 조금만 있어도 신윤복이 미인(여인)의 가슴 속 정한까지 놓치지 않고 표현했음을 알아챌 수 있다. 세심한 신윤복의 화풍은 「아기 업은 여인」에도 그대로 이어졌다.

신윤복의 「아기 업은 어인」은 풍성한 가체(거짓머리)를 머리에 얹은 젊은 여인이 항아리처럼 부푼 치마에, 짧고 꼭 끼는 저고리를 입고 그 밑으로 젖가슴을 드러낸 채 젖먹이 어린아이를 등에 업고 있는 모습을 담고 있다. 이 그림에서도 여인의 모습 너머로 당시 여인들의 삶이 엿보인다. 아이를 업은 여인의 꽉 다문 입과, 무엇인가 골똘히 생각에 빠져 있는 듯 수심 가득한 어두운 표정은 조선 여인들의 고된 일상사를 말해 주는 듯하다.

당사도의 아기 업은 여인은 전체적으로 훤칠한 키에 가녀린 몸매이며, 신윤복의 그림 속 여인처럼 가체를 머리에 얹었다. 그림 속 여인이 가슴을 드러낸 채 아기를 업고 있듯이 당사도도 긴 목에 해당하는 해안선을 따라 볼록 솟아 나온 형태가 여인의 봉긋한 가슴처럼 보인다. 아래로 내리뻗은 서쪽 해안선은 등에 업힌 아기와 항아리처럼 봉긋하게 부풀어 오른 치마 모양 같다.

당사도에서 유독 눈길이 머무는 곳은 치마 아랫단 뒤쪽에 해당하는 섬의 남쪽으로, 이곳은 사람들의 자취로 가득하다. 섬의 남쪽 끝에 넓게 펼쳐진 농경지는 이 섬에 정착해 살고 있는 주민들의 땀과 열정을 보여 준다. 마치 어머니가 어린 자식들을 정성껏 키우는 모습처럼. 자식은 어머니의 눈물로 자라고, 자식의 꿈은 어머니의 분주한 일상으로 키워 나간다고 한다. 당사도 등에 업힌 아이는 발치에 실린 고된 어머니의 속 깊은 소망을 얼마나 알고 있을까?

황제도 회초리

유인도
전라남도 완도군 금일읍 황제도길(동백리)
북위 34°11′33″ 동경 127°04′28″

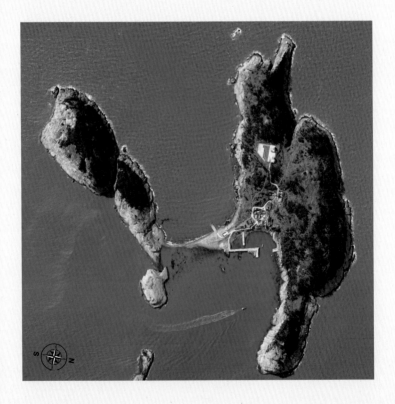

조선 효종 때 김해 김씨 일가가 섬으로 들어와 동백리에 자리를 잡으면서 마을이 생겨났다. 이름은 황제가 잠시 쉬어 갔다는 전설이 전해져 황제도가 되었으나, 예로부터 '가마솥'이란 속칭으로도 불렀다. 황제도에선 지금도 매년 섣달그믐(음력으로 한 해의 마지막 날)과 삼월 삼짇날(음력 3월 3일)에 마을의 안녕과 풍어를 기원하는 당산제를 올린다.

황제도를 하늘에서 보면 회초리를 들고 제자를 훈육하는 서당 훈장님 같다. 훈장의 엄한 가르침은 매섭지만 고개를 갸우뚱한 학생의 모습은 왠지 웃음을 자아내게 한다. 사실 학교 선생님이 학생을 가르치기 위해 드는 매를 '교육의 수단'으로 보는 견해도 있지만, 엄연히 '폭력의 한 형태'이기는 하다.

이에 대해 여러 갈래의 주장들이 많지만, 인권은 누구든, 어떤 일이 있어도 보장받아야 할 평등적 권리인 데 반해, 교권은 상대방의 자율 의지에 따라 인정하고 인정받는 차별적 권리이다. 따라서 교권은 학생에게 강요할 수 있는 권리가 아니다. 교권은 스승이 실력을 쌓아서 학생들을 올바르게 가르치거나 학생들을 인격적으로 대할 때 학생들이 보내는 손경심으로 세워진다. 그렇다고 해서 인권을 강변하는 학생들이 교사의 교권을 무시해도 괜찮다는 얘기는 아니다.

황제도가 제자의 종아리를 때리는 훈장처럼 보이는 데는 큰 섬과 작은 섬을 잇는 날렵한 길 때문이다. 이 길이 있기에 회초리를 얼마나 힘껏 내려치는지 그 강도와 심적 고통이 느껴지는 듯하다. 어쩌면 그 회초리는 제자가 아닌 스승 자신에게로 향한 질책일지도 모르겠다. 바짓가랑이를 올린 채 종아리를 맞는 제자도 이를 잘 알고 있다는 듯 종아리는 하얗고 얼굴은 약간 붉지만, 머리에는 푸른빛이 감돈다.

대노록도 모아이 석상

무인도
전라남도 신안군 임자면 재원리
북위 35°06′08″ 동경 125°58′59″

섬의 형태가 노루처럼 생겼다고 하여 노록도라 부른다. 『한국도서백서』라는 책에는 근처 재원도에 살던 노루 형제가 부모 말을 듣지 않아 쫓겨났는데, 바다를 헤엄쳐 건너던 형 노루가 가라앉아서 그곳에 섬이 솟아 대노록도라 했다고 한다.

자세히 보면 대노록도는 칠레의 남쪽 남태평양에 있는 이스터 섬의 유명한 석상 모아이Moai와 비슷하다. 이스터 섬의 모아이는 서기 400년부터 만들어진 것으로 추정되지만 누가, 어떤 목적으로, 어떻게 만들었는지는 정확히 밝혀지지 않았다. 600개 정도의 이 석상들은 높이가 1~3미터쯤 되며 큰 것은 9미터에 이르는 것도 있다.

거대한 석상 모아이의 제작 과정도 풀리지 않는 수수께끼로 신비롭지만, 우리가 이스터 섬에서 놓치지 말아야할 것은 눈부신 물질문명과 자원의 고갈 사이에서 갈등하는 인류의 운명을 예측해 보는 데 있다. 거대한 석상 모아이를 세울 수 있었던 과거 이스터 섬의 문명은 분명 놀라울 정도로 발달했지만 그 위대한 문명의 뒤안길은 어떻게 되었는가? 과거의 풍요로움을 뒤로한 채 모아이 석상만 남았을 뿐 나무 한 그루 제대로 살 수 없는 곳이 되어 버렸다. '현재의 이스터 섬은 지구촌의 미래'라고 설파한 세계적 문화인류학자이자 문명연구가인 다이아몬드Jared Diamond 박사의 경고는 섬뜩하고도 예리하다.

그런 의미에서 모아이 석상과 닮은 대노록도는 사람과 섬이 공존할 수 있는 방법을 생각하게 한다. 과연 대노록도는 그 비밀을 알고 있을까?

큰포작도 중세 유럽 수도사

유인도
전라남도 신안군 지도읍 대포작길(어의리)
북위 35°06′58″ 동경 126°12′19″

보자기에 해산물을 싼 모양이라고 해서 보작도 또는 포작도라고 한다. 처음에 조선 연산군 때 전남 영광에 살던 인동 장씨가 이주해서 살다가, 한참 뒤인 철종 때 수원 백씨인 백남식이 들어오면서 비로소 마을이 생겼다고 한다.

이슬람 여성이 전신을 가리는 차도르를 착용하는 것처럼 중세시대의 수도사도 얼굴만 드러내고 몸 전체를 가리는 옷을 즐겨 입었으며 지금도 그 풍습을 따르고 있다. 네덜란드의 유명한 화가 렘브란트Rembrant van Rijn는 그 모습을 그림으로 남겼다. 그중 수도사 옷을 입은 아들 티투스를 그린 그림은 큰포작도의 모습과 비슷하다. 그런데 큰포작도는 외형만이 아니라 화가 렘브란트가 추구하는 예술적 세계관과도 절묘하게 맞닿아 있다.

렘브란트는 빛의 마술사이다. 수도사의 구도 목표는 세속적 욕망을 추구하는 데 있지 않다. 자기 성찰과 단아한 내면세계, 신을 향한 초월적 세계가 그들 삶의 중심이다. 그래서 옷도 사람 눈에 띄지 않는 어두운 단색을 선택했다. 하지만 수도사의 얼굴은 달랐다. 수도사의 얼굴은 세상과 소통하는 통로가 아니라 신의 세계, 초월적 세계를 향한 열망을 담고 있다. 렘브란트는 바로 이 부분을 빛으로 표현했다. 수도사 얼굴에 드러난 렘브란트의 빛은 얼굴빛이 아니라 수도사가 추구하는 내면의 희망이다.

큰포작도 사람들의 삶이 깃든 섬 왼쪽 부분도 하늘에서 보면 밝고 빛이 난다. 그 빛은 섬과 함께 오랫동안 동고동락하며 살아온 섬사람들의 욕심 없는 일상이 아닐까?

마산도 인디언 추장

유인도
전라남도 신안군 압해읍 마산길(매화리)
북위 34°57′00″ 동경 126°14′40″

마산도는 섬의 지형이 마치 말(馬)처럼 생겼다고 해서 붙인 이름이다. 그런데 하늘에서 내려다본 마산도는 인디언 추장 같다. 섬의 남쪽에 추장의 머리 장식 바로 아래로 눈매가 드러나고 이어서 콧날이 오똑 서 있다. 코 아래로 짤록하게 내려가서 오른쪽으로 꺾인 부분은 사람의 입과 턱을 그려 내고 있어 사람의 얼굴을 떠올리기에 전혀 부족함이 없다. 이마 부분에서 귀 뒤로 길게 길(道)이 나 있고, 다시 갈라진 두 길은 턱과 목으로 이어져 턱을 감싼다. 하지만 인디언 추장을 닮은 마산도의 가장 두드러진 부분은 이 얼굴을 제외한 나머지 부분이다. 화려한 형형색색의 깃털 장식으로 치장한 인디언 추장의 머리 장신구를 고스란히 재현하고 있기 때문이다.

　　인디언들은 짐승과 사람을 차별하지 않았다. 여러 학자들의 연구로 입증되었지만 인디언의 숭고한 사냥 과정에서도 그 본보기는 쉽게 발견된다. 다른 종족들처럼 인디언도 사냥을 한다. 생존을 위한 사냥이다. 그런데 짐승의 살코기만 발라 먹고 껍질과 가죽은 내버리는 다른 종족과는 달리, 인디언들은 포획한 짐승의 살코기는 먹고 가죽은 벗겨서 옷을 지어 입는다. 물론, 이런 문화적 특성이 인디언 들에게만 있는 것은 아니다. 어느 종족이든 잡은 짐승의 고 기는 먹고 가죽은 벗겨 옷감으로 삼는다. 하지만 인디언처 럼 짐승과 자신을 동일한 차원에서 존중하는 예는 보기 드 물다. 왜냐하면 인디언은 짐승의 살코기는 육신을 위한 것 이고, 껍질과 가죽은 영혼을 위한 것이라 여기기 때문이다. 다시 말해, 짐승과 자신들이 결코 다르지 않은 존재라고 생 각한 것이다. 이런 의미에서 날짐승의 깃털로 만든 장신구 도 인디언에겐 영혼의 옷이요, 포획한 짐승의 또 다른 형태 의 가죽인 셈이다.

마산도가 우리에게 친근하고 매력적인 섬으로 다가오 는 이유도 이런 의미를 품고 있기 때문이 아닐까?

안목섬 배설공주의 마녀

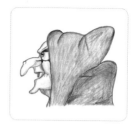

무인도
전라남도 여수시 삼산면 초도리
북위 34°13′20″ 동경 127°13′17″

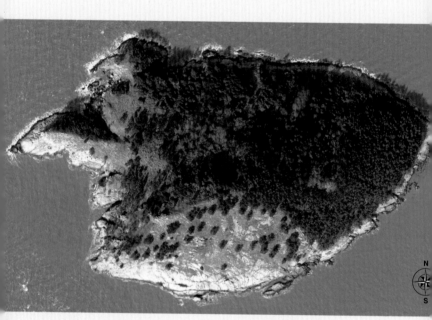

원래 안목섬이라 부르는데 이를 한자로 바꾸어 '안 내內' 자와 '목 항項' 자를 써서 내항도內項島라고도 한다. 이 섬은 해식애, 해식동굴, 암설(암반이 풍화와 침식 작용을 받아 부서져 자잘해진 돌 부스러기) 등이 발달해 지형 경관이 우수할 뿐만 아니라 다양한 종류의 식물이 절로 나고 자란다. 곰솔, 동백나무 군락 등이 발달하여 특정도서 제149호로 지정되어 있다.

안목섬을 가만히 보면 재미있는 애니메이션의 등장인물 한 명이 떠오른다. 월트디즈니 사가 제작한 「백설공주와 일곱 난쟁이Snow White and the Seven Dwarfs」에 나오는 마녀이다. 독일의 그림Grimm 형제가 지은 동화를 애니메이션으로 만든 이 이야기의 줄거리는 모두가 알고 있을 것이다. 세상에서 가장 아름다운 백설공주를 시기하는 새엄마인 왕비는 사냥꾼에게 공주를 숲으로 유인해 죽이라고 명령을 내린다. 그러나 사냥꾼은 명령을 어기고 백설공주를 놓아 주었다. 백설공주가 살아 있다는 사실을 안 왕비는 마녀로 변장을 하고 찾아와 사과로 유혹해 공주에게 마법을 걸어 긴 잠에 빠뜨린다. 그러나 숲속의 동물과 일곱 난쟁이의 도움으로 고난을 극복한다는 내용이다.

안목섬은 이 애니메이션에 등장하는 마녀의 모습과 비슷하다. 그런데 백설공주에게 마녀의 마법에 걸려들게 한 것은 과연 무엇일까? 마녀가 준 사과? 아니면 남을 속이는 마녀의 달콤한 거짓말? 겉으론 마녀의 꼬드김과 사과 때문인 듯하지만 실제로는 백설공주보다 아름답기를 원하는 왕비의 욕심이다. 사람은 세월이 흐르면 늙기 마련이다. 왕비는 늙기를 거부하는 욕심을 부렸다. 그것은 오만이다. 백설공주의 아름다움 역시 영원하지 않다.

마녀의 얼굴 안목섬은 자연의 시간 변화에 순응하면서도 아름다움을 유지하는 방법이 무엇인지를 우리에게 묻고 있다.

용섬 아프리카 유물

무인도
전라남도 여수시 삼산면 초도리
북위 34°16′28″ 동경 127°16′42″

용섬의 전반적인 생김새는 독특한 아프리카 조각상을 닮았다. 얼굴 모습과 몸통, 그리고 손을 앞으로 가지런히 모은 자세와 살짝 굽힌 다리 등이 영락없는 아프리카 조각상이다. 비록 길고 짧음과 크고 작음은 조금씩 다르지만, 전체적인 형태는 크게 벗어나지 않는다.

아프리카의 목각 조각상은 주로 흑색 자단목(재질이 매우 단단하여 주로 고급 가구 등의 재료로 사용되는 나무)으로 만든다. 그러나 조각상의 재료보다 더 큰 특징은 나무에 새기는 특이한 형상들과 포괄적인 구도이다. 조각상에 새기는 갖가지 형상은 모두 보란 듯이 있는 그대로 다 내보여 주며, 대체로 정면을 향한다. 정면을 향한다는 것은 제작자의 의도를 곧바로 보여 준다는 뜻이다. 그와 동시에 갖가지 요소에 얽힌 이야기들도 한꺼번에 겹쳐 놓는다. 놀라운 것은 이렇게 다양한 이야기가 얽혀 있지만, 이야기와 이야기의 연결이 전혀 어색하거나 이상하지 않다는 점이다. 서로 다른 차원의 이야기가 겹쳐 있음에도 기이하지 않은 까닭은 시선의 분산과 집중 때문일지도 모른다. 각각의 형상이 정면을 똑바로 보고 있는 데 반해 포개지고 겹쳐지는 형태 역시 이음새 없는 이야기로 연결되어 있는 것이다. 마치 피카소^{Pablo Picasso}의 그림을 보듯이.

세계적으로 유명한 피카소의 그림 「아비뇽의 여인들」이 좋은 예이다. 그 그림은 앞에서 본 것 같은데 옆에서 본 것 같고, 옆에서 본 것 같은데 앞에서 본 것을 그린 것 같은, 아주 독특한 인상을 풍긴다. 이야기 차원에서 보면, 수많은 이야기가 난무하는 시장의 왁자지껄한 풍경이 전혀 이상하지 않은 것과 같다. 살아생전 피카소가 아프리카 조각상을 무척 아꼈다는 말이 틀린 얘기는 아닌 듯하다.

재미있는 섬이야기 8

보든아기섬

전라남도 여수시 삼산면 초도리에 있는 이 섬의 이름에 얽힌 유래는 알려지지 않았으나 여러 가지 추측은 가능하다. 여기서 보든 저기서 보든 아기 모양이라 '보든아기섬'으로 부른 것은 아닐까? 이 섬과 이름이 비슷한 섬이 외국에도 있다. 캐나다의 퀸엘리자베스 제도에 있는 보든섬(Borden Island)이 그 주인공이다.

둔병도와
하과도 응사

유인도
전라남도 여수시 화정면 조발도길(조발리)
북위 34°37′44″ 동경 127°32′31″

마을의 전체적인 생김새가 큰 연못 같다고 해서 둔병도라는 이름이 지어진 듯하다. 둠벙은 연못을 뜻하는 여수지방 고유의 사투리이다. 그래서 '둠벙섬'이라고도 하며, 옛 문헌에서는 '두음방도'로도 불렸다. 섬 남쪽에 있는 하과도와는 다리로 이어졌다.

　　서로 이어진 둔병도와 하과도는 마치 응사鷹師가 사냥하기 위해 멋지게 매를 날리기 직전의 모습과 같다. 응사는 매사냥에 쓰이는 매를 길들이거나 부리는 사람을 말한다. 대개 응사들이 다루는 매는 참매, 황조롱이, 송골매이다. 우리나라에선 참매나 황조롱이가 환영을 받고, 몽골에선 송골매가 단연 인기다. 황조롱이는 '하늘에서 바람의 흐름을 잘 탄다'는 순우리말이고, 송골은 몽골어로 '여기저기 떠돌아다니는 방랑자'라는 뜻이다.

　　참매와 황조롱이가 몸집은 작지만 송골매보다 훨씬 날렵한 데 비해, 송골매는 보는 시야가 확 트여 있어 넓은 지역에서 활용하기가 좋다. 그런데 둔병도는 참매나 황조롱이가 아닌 송골매를 다루는 응사를 닮은 듯하다. 둔병도 전체가 날개를 활짝 편 큰 송골매 같고, 옆에 붙은 작은 섬 하과도는 나이 어린 소년 응사 같다.

매를 길들일 때에 응사들은 버렁과 시치미를 빼놓지 않고 챙긴다. 버렁은 동물 가죽이나 무명천으로 만든 보호용 장갑이고, 시치미는 매의 주인이 누구인지 알리는 주소를 매의 꼬리에 달아 놓는 인식표이다. 우리말에 '시치미를 뗀다'는 말이 바로 여기서 비롯되었는데, 매를 훔치고는 주인이 알아보지 못하게 시치미를 떼어 버리고는 아닌 체한다는 뜻이다. 그런데 잘 길들인 매도 한번 주인을 떠나면 다시 길들이기가 어렵다고 한다. 차라리 새로 매를 잡아 처음부터 길들이는 게 더 수월하다고 숱한 경험이 있는 응사들이 말한다.

둔병도와 하과도는 작은 다리로 연결되어 있어 다리가 끊어지면 별개의 두 섬이 되겠지만, 매와 응사의 관계처럼 서로를 배반하지는 않을 것이다. 오랜 시간을 함께해 온 두 섬은 비록 몸은 떨어져 있더라도 서로에 대한 믿음과 숱한 기억이 살아 있는 한 하나의 섬으로 존재할 것이다. 하늘에서 본 둔병도와 하과도가 우리에게 믿음과 배려의 의미를 다시금 일깨워 주는 듯하다.

섬과
사물

황탄섬 대동여지도

무인도
전라남도 신안군 비금면 도고리
북위 34°47′52″ 동경 125°57′24″

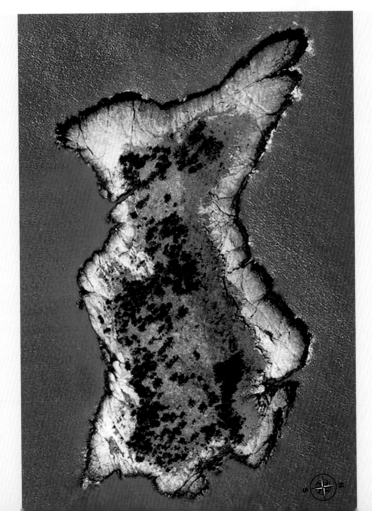

고산자 김정호의 「대동여지도」가 바다 위에 떠 있다면 과연 믿을 수 있겠는가? 열에 아홉은 고개를 가로저을 것이다. 하지만 신안 앞바다의 황탄섬은 보는 이의 눈을 의심케 한다. 「대동여지도」를 옆에 두고 비교해 봐도 그렇고, 실제로도 우리가 살고 있는 곳을 손가락으로 찍을 수 있을 듯 선명한 우리 땅 모양이다. 황탄섬의 가장 긴 쪽이 300미터쯤 되므로 마치 한반도를 약 1/3,000의 축척으로 그려 놓은 듯하다.

　　김정호는 조선 후기에 성행한 실학의 영향을 크게 받은 실학자이자 지리학자이다. 「대동여지도」는 그가 30년의 정성으로 만든 지도로, 조선 철종 때인 1861년에 완성했다. 우리가 살고 있는 국토를 우리가 알지 못하면 절대로 안 된다는 사상을 가졌던 그는 전국을 누볐다. 백두산을 일곱 번이나 오르내리는 등 나라 곳곳을 두루 돌며 땅의 모양과 강의 생김새를 낱낱이 기록했다. 지방의 군현, 산과 강은 물론이고 군현을 잇는 도로는 10리마다 표시를 하는 등 지금 봐도 놀라울 만큼 섬세하기 그지없다. 「대동여지도」의 정교함에 놀란 흥선대원군은 나라의 기밀을 외적에게 누설했다는 죄를 뒤집어씌워 김정호를 감옥에 가뒀다. 그러나 그는 감옥에서도 신념을 굽히지 않고 지도를 만들다가 생을 마쳤다.

김정호가 남긴 역작 「대동여지도」가 바다 한가운데 섬으로 다시 살아난 듯하다. 물론 황탄섬은 가장자리에는 바위로 둘러싸여 있고, 가운데는 나무들만이 듬성듬성 차지하고 서 있어 「대동여지도」에 그려진 세밀함은 찾아볼 수 없다. 경계나 강을 나타낸 선도, 구체적인 세부 지명도 없다. 바로 그 점이 황탄섬을 답사한 후 직접 자기만의 황탄섬 「대동여지도」를 완성해 볼 수 있는 기회가 될 수 있다. 한번 도전해 볼 생각은 없는가?

부남도 백제 금제 관식

유인도
전라남도 신안군 임자면 재원길(재원리)
북위 35°04′47″ 동경 125°55′09″

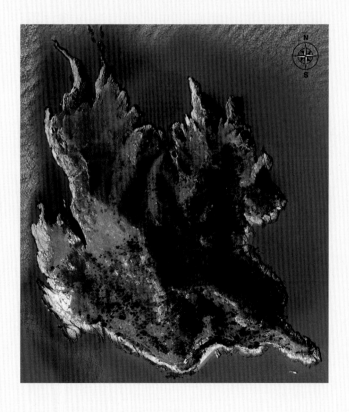

평지가 별로 없는 부남도는 육지에서 멀리 떨어진 곳에 위치해 있다. 그 때문인지 군사적 요충지로 활용되거나 어선들의 긴급 피난처로 이용되었다. 이름은 섬이 서로 마주 보며 돕는 것 같다고 해서 붙여졌다고 한다.

하늘에서 본 부남도는 백제 무령왕릉에서 출토된 무령왕비 금제관식(국보 제155호) 같다. 예로부터 금은 각종 장신구의 재료로 쓰였다. 지금과 마찬가지로 금은 옛날에도 매우 귀한 금속이었던 터라 주로 태양 또는 신, 왕을 상징하거나 장식할 때 쓰였다. 빛나는 금은 신이나 왕의 신성성을 과시하기에 적합했기 때문이다. 예를 들어 경주 천마총에서 출토된 신라 금관처럼 그 화려한 권위는 절대 왕권의 표식과 원활한 통치의 수단으로 이용되기에 충분했다.

서양에서도 빛을 발하는 금관은 생명의 본질이 가득 담긴 지혜와 힘을 보여 준다고 여겼으며, 금관을 벗어 발치에 놓으면 왕권을 포기하는 것으로 인식했다. 중국도 마찬가지로 금관을 황제의 권력과 지위를 상징하는 것으로 보았다.

부남도와 비슷한 백제의 금제 관식은 금관이 아니라 비단으로 만든 관의 양쪽에 꽂는 불꽃 모양의 금으로 만든 장신구이다. 어떻게 땅속에 묻혔던 광물 덩어리가 신성성을 가질 수 있을까? 생각할수록 금과 권력의 관계는 묘하고 신기하다. 이런 연금술의 꿈은 어디까지 이어질 수 있을까?

평지도 별로 없어 보잘것없이 보이는 부남도가 귀한 금제 관식의 형태로 다가오는 것은 생각할수록 흥미롭다. 섬 전체를 둘러싸고 있는 바위 해변은 밭고랑처럼 길고 좁아서 갑작스러운 바다 재난을 피하기에 안성맞춤이다. 바다를 생업의 터전으로 삼는 바닷사람에게 자신의 생명을 보존하는 일보다 더 값지고 귀한 것이 어디 있겠는가.

섬북섬 첫 발사국

무인도
경상남도 남해군 삼동면 영지리
북위 34°49′50″ 동경 127°58′37″

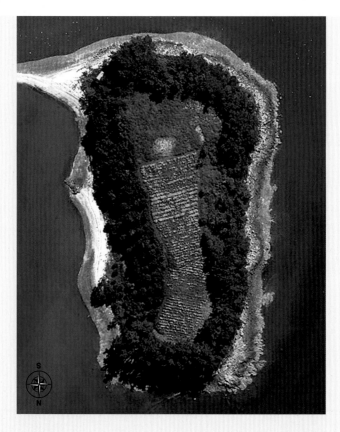

섬이 북처럼 생겼다고 하여 섬북섬(島鼓島)이 되었으며, '북섬'이라고도 부른다. 물론 옆에서 바라본 모습이다. 하늘에서 내려다보면 아무도 밟지 않은 미지의 세계에 누군가 첫 걸음을 뗀 발자국 같다.

해변이나 섬으로 밀어닥치는 파도를 막는 데는 방파제가 무엇보다 중요하다. 그렇다면 세차게 불어오는 바닷바람은 어떻게 막을까? 바람막이숲(방풍림)이다. 겉보기엔 간격을 두고 서 있는 나무들이 어떻게 바람을 막을까 싶지만, 바람막이숲의 역할은 자못 흥미롭다. 바람막이숲은 거센 바닷바람을 정면으로 맞아야 하지만 바람이 통째로 지나가는 것을 허락하지 않는다. 바람이 나무 사이를 누비는 동안 바람의 뿌리를 자르고 낱낱이 흩어 놓는다. 마치 나뭇가지 하나하나가 바람의 갈기를 붙잡고 주저앉혀 잠시나마 쉬었다 가게 하는 것처럼. 놀라운 사실은 불어오는 바닷바람에 숲이 무작정 맞서는 것이 아니라 바람과 '어우러지면서' 그 세력을 떨어뜨린다는 것이다. 바람에 맞서지만 순리에 따라 바람의 세기를 자연스럽게 약화시킨다. 이런 점이 바로 바람막이숲의 매력이다.

섬북섬의 첫 발자국을 두드러지게 하는 것도 바람막이 숲이다. 파도에 씻겨 가장자리가 드러난 모래밭과 바위 해변은 섬과 바다를 뚜렷하게 가르지만, 바람막이숲은 섬 안쪽의 발자국을 선명하게 구분 짓는다. 마치 달 표면에 처음으로 남긴 아폴로 11호의 암스트롱Neil Armstrong 선장의 발자국처럼. 비록 작은 발자국이지만 인류의 위대한 첫걸음이자 첨단 우주과학 기술의 성과를 나타내는 상징이다. 바람막이숲에 둘러싸인 첫 발자국의 섬인 섬북섬은 우리의 철학적 사유를 우주로 확대해 준다.

화도 무선전화기

유인도
전라남도 신안군 증도면 화도길(대초리)
북위 34°57′04″ 동경 126°09′38″

화도는 이름 그대로 꽃섬이다. 바닷물이 만조에 이를 때 남서쪽에서 보면 마치 물 위에 떠 있는 한 송이 꽃봉오리와 같다. 해당화가 많이 피기 때문이란 사람도 있다.

원래 화도는 풀 한 포기 자라지 않아 삭막하기 그지없는 바위섬이었다. 이곳으로 옥황상제의 딸 선화공주가 아버지의 노여움을 사서 귀양을 오게 되었다. 공주는 외로움을 달래려고 꽃을 가꾸었는데 척박한 땅이라 생각대로 잘 자라지 않았다. 아버지인 옥황상제에게 애원하여 황폐한 섬을 기름진 땅으로 변하게 했고, 섬 전체에 꽃이 가득 피게 되었다고 한다. 지금도 섬엔 선화공주가 일구었던 꽃밭 터가 남아 있으며, 첫 이름의 유래도 여기서 나왔다.

정작 하늘에서 본 화도는 초창기 무선전화기처럼 생겼다. 집집마다 뒤지면 하나쯤 나올 법한 묵직한 바로 그 전화기이다. 지금 보면 무겁고 둔탁한데다 접속거리도 짧았지만, 처음 나왔을 때에는 비밀스러운 애기를 해야 할 때 꼭 필요하고 매우 편리한 기기였다. 그때까지만 해도 전화기는 유선이고 가족이 함께 사용하는 것이라 주로 거실에 놓여 있었다. 거실은 온 가족이 함께 사용하는 공간이라 식구들이 지켜보는 가운데 전화를 걸거나 받아야 했으니 개인적인 통화는 불편하기 짝이 없었다. 당연히 시간을 오래 끌 수 없던 탓에 통화 내용은 간단해야 했다. 그럴수록 통화 후 찾아오는 설렘이 더 컸던 것 같다. 그런 시절에 선이 없는 무선전화가 등장했으니 환영받지 않을 수 없었다.

화도가 무선전화기를 닮게 된 데는 염전이 한몫했다. 논처럼 반듯하게 만든 공간에 바닷물을 끌어들여 햇빛에 말리면 소금이 탄생한다. 염전 아래쪽엔 햇빛의 열기가 오래 머물도록 반사판을 깔아 놓아서 하늘에서 보면 여러 색으로 빛난다. 그 빛깔은 햇빛의 노출 정도에 따라 달라지는데, 이곳 화도의 염전만 봐도 쉽게 알 수 있다. 그 옛날 공주가 피운 꽃으로 가득했던 섬에 지금은 또 다른 꽃이 만개해 있다. 태양이 피운 '소금꽃'이다. 햇빛에게 바다의 물기를 모두 내어 주고 얻은 하얀 꽃이다.

사두도 병따개

무인도
경상남도 거제시 사등면 사곡리
북위 34°54′45″ 동경 128°33′53″

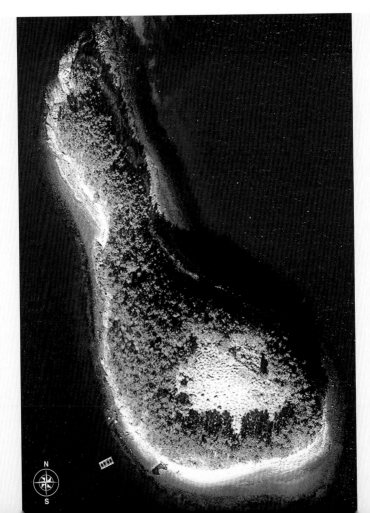

뱀의 머리처럼 생겼다고 하여 사두도蛇頭島라는 이름이 붙여졌다. 그러나 하늘에서 본 사두도는 뱀의 머리와는 전혀 다른 병따개를 닮았다. 길쭉한 손잡이와 지렛대 구실을 하는 아래쪽의 빈 공간까지 병따개의 특징을 그대로 재현하고 있다.

뱀의 머리든 병따개 모양이든 무엇에 중심을 두든지 하나의 섬에 이름을 붙인다는 것은 여러 생각이 들게 한다. '내가 그의 이름을 불러주었을 때 그는 나에게 와서 꽃이 되었다'는 김춘수의 시 「꽃」을 모르는 사람은 거의 없을 것이다. 그저 하나의 사물에 지나지 않던 것이 고유의 이름을 얻음으로써 꽃으로 둔갑한다니, 상상만으로도 즐겁고 가슴 벅찬 얘기가 아닐 수 없다. 이름으로 새로운 생명의 기운까지 얻었기 때문이다.

병따개와 판박이인 사두도에서 사물의 이름 짓기에 생각이 닿은 것은 어쩌면 자연스러운 일인지도 모른다. 매일같이 무심코 쓰는 생활용품을 유심히 들여다본 적이 있는가? 있을 땐 잘 모르지만 없을 땐 아쉬운 것이 생활용품이다. 병따개도 그중 하나다. 목이 발라 시원하게 음료수 한 잔 들이켜려고 병을 따려는 순간, 병따개가 없다면 그 난감함을 어찌하랴. 그러나 그때뿐. 바로 쓸 일이 없는 병따개는 존재마저 잊히는 상태가 되고 만다. 하지만 그것도 잠시. 병따개가 정말로 필요한 순간에 없다면 그 가치는 어떻게 될까? 절박한 상황이 존재의 가치를 일깨운다. 병따개의 모습을 한 사두도도 그런 섬일까? 주위의 다른 것에 새로운 생기를 불어넣어 주는 그런 존재일까?

제부도 피터팬 모자

유인도
경기도 화성시 서신면 해안길(제부리)
북위 37°10′17″ 동경 126°37′16″

조선 중기에 육지의 송교리와 제부도를 잇는 갯고랑을 아이는 등에 업고 노인은 부축해서 건너는 모습에서 '제약부경濟弱扶傾(약한 자를 구제하고 기울어지는 나라를 붙들어 줌)'의 '제濟' 자와 '부扶' 자를 따서 제부도濟扶島라 지었다고 한다.

제부도는 바닷물이 갈라져 길을 내서 '신비의 바닷길'로 알려진 진도 바닷길이 연상되는 부분이 있다. 신비의 바닷길은 바닷물이 달과 태양의 인력, 해안 지형, 해류 등의 영향을 받아 갈라지면서 육지가 드러나는 현상 때문에 얻은 별명이다. 진도 바닷길은 길이만 해도 장장 2.8킬로미터, 폭은 10~40미터에 달한다. 1975년 진돗개를 연구하러 왔다가 이 광경을 목격한 피에르 랑디Pierre Landy 프랑스 대사가 '한국판 모세의 기적'으로 프랑스 언론에 소개하여 세계적으로 화제가 되었다. 진도 바닷길이 열리면 풍어와 풍년을 비는 영등제靈登祭를 올린다.

섬 이름의 유래에서 확인했듯이 묘하게도 제부도란 이름에는 어린아이와 노인이 숨어 있다. 사람에게는 누구나 유년 시절이 있으며 나이가 들수록 지난 시절을 되돌아보며 영원히 늙지 않는 삶을 꿈꾼다. 하늘에서 본 제부도는 바로 늙지 않는 영원한 소년 피터 팬Peter Pan의 모자를 닮았다. 피터 팬은 영국의 작가 배리J.M. Barrie가 쓴 아동극의 주인공으로 영원히 어른이 되지 않는 소년이다. 소녀 웬디와 함께 해적 선장 후크에 맞서 싸우며 갖가지 모험을 펼친다.

이런 피터 팬이 쓴 모자처럼 생긴 제부도는 이색적인 생김새만큼 세월이 가도 시들지 않는 흥미로운 놀이를 품고 있다. 진도 바닷길처럼 달과 태양의 인력 등에 의해 바닷물이 갈라지는 현상이다. 피터 팬의 광팬은 어린이들이지만, 제부도를 찾는 사람은 어른 아이 할 것 없다. 바닷길이 열리는 제부도의 광팬은 바다의 신비에 눈을 뜬 사람일 것이다.

송도 요리사 모자

무인도
경상남도 통영시 한산면 창좌리
북위 34°47′42″ 동경 128°30′57″

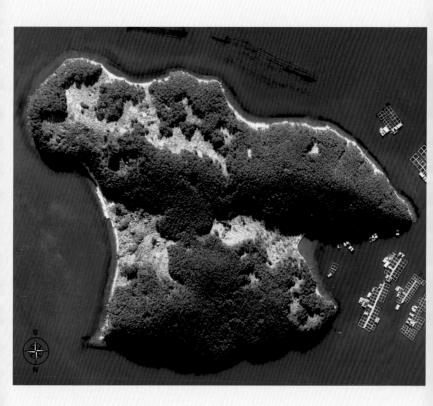

하늘에서 내려다본 송도의 모양은 요리사와 관련이 있다. 서양 음식을 조리하는 주방장이나 요리사가 쓰는 모자를 닮았다. 음식은 사람과 떼려야 뗄 수 없는 관계로 우리나라에서도 한국 고유의 음식 솜씨를 자랑하는 대회가 자주 열린다. 허영만의 『식객』처럼 음식을 소재로 한 만화나 문학작품이 인기를 끌기도 하고 멋진 영화로 제작되기도 한다.

외국에서도 음식(요리)은 다양한 장르에 소재를 제공한다. 프랑스와 스페인이 합작하여 만든 코엔Daniel Cohen 감독의 「셰프Comme un chef」(2012)라는 영화가 있다. 요리는 천재적으로 잘하지만 인생 요리는 빵점인 두 요리사의 행복 요리 방법이 기본 줄거리이다. 이 영화는 미각을 자극하는 음식 영화의 차원을 넘어 두 사람의 삶을 통해 우리 인생을 돌아보게 한다. 역시 음식은 삶에서 떼려야 뗄 수 없는 요소가 맞는 것 같다.

이름난 요리사일수록 자기만의 요리 방법을 함부로 공개하지 않을 뿐 아니라 최고의 맛을 자랑하는 만큼 음식에 대한 나름의 철학도 갖고 있다. 이들만의 남다른 요리 방법과 음식 철학의 바탕엔 무엇이 있을까? 단언컨대 그것은 '사랑'이며 그 대상은 사람이다. 애정이 듬뿍 담긴 요리 방법으로 사랑하는 사람들을 위해 음식을 만드는 것이다. 사랑하는 마음이 손끝으로 우러나와 음식에 전달될 때 사랑이 깃든 맛있는 음식이 만들어진다.

재미있는 섬이야기 9

별학도

경상남도 사천시 서포면 거북길(비토리)에 있는 이 섬의 한가운데 벼락을 맞은 곳이 있어서 벼락도라 했다. 그러나 섬 이름을 한자로 표기하면서 그만 별학도(別鶴島)가 되었다고 한다.

모개도 하트

무인도
전라남도 여수시 소라면 사곡리
북위 34°42′20″ 동경 127°27′01″

생김새기 울퉁불퉁한 모과처럼 생겼다고 하여 모개도라 부른다. 하지만 하늘에서 본 모개도는 모과와는 비교할 수 없을 정도로 아름답다. 우리 모두가 바라는 사랑, 바로 하트 모양이다. 그런데 모개도의 하트는 이색적으로 지금도 파도와 바닷바람을 견디며 만들어 가는 과정에 있다. 입만 열었다 하면 듣는 사랑 타령처럼 곳곳에 넘쳐나는 사랑과는 전혀 다른 독특한 하트의 세계, 모개도로 여러분을 초대한다.

우리는 엄지와 중지를 구부려서 하트 모양을 언제, 어디서나 쉽게 만들어 보인다. 오색찬란한 하트 모양 장식보다 이 간단한 손가락 하트가 훨씬 정감 있고 차원이 높다는 생각이 든다. 다른 도구를 이용해 대신 '보여 주는' 사랑이 아니라 자기 몸의 일부인 손가락으로 생생한 마음을 표현하는, '살아 있는' 하트인 까닭이다.

하트 모양을 닮은 모개도가 빛나는 이유는 무엇일까? 어려움을 견디며 보여 주는 자태 때문일지 모른다. 몰아치는 비바람을 고스란히 맞을 수밖에 없고, 예상치 못한 해상

상황을 견뎌 내며 만들어졌기에 모개도의 굽은 길이 더 아름답다. 휘어진 길이 곧은길보다 더 아름답듯, 풍파 속에서도 고유의 자태를 뽐내는 모개도가 그윽한 것은 그런 이유 때문일 것이다.

모개도의 하트는 바다가 우리에게 보여 주는 사랑의 표현이다. 세월이 가면 사랑의 형태가 변하듯이 모개도의 모양도 변해 간다. 그러나 바다는 모개도를 통해 보여 주는 사랑의 표시만은 잊지 않을 것이다.

가의도 일본 지도

유인도
충청남도 태안군 근흥면 가의도길(가의도리)
북위 36°40′32″ 동경 126°04′22″

가의도는 태안 8경 중 6경일 정도로 경관이 뛰어나지만 그다지 알려지지 않은 섬이다. 가의도의 시조에 대해서는 여러 설이 전해지지만 중국 사람이라는 주장이 설득력 있다. '이희춘'이란 사람이 지은 것으로 알려진, 태안의 안흥팔경을 노래한 옛 시조 「장사백구」에 사신으로 온 '가태부'라는 중국 재상이 등장한다. 그는 가의도를 거쳐 태안 남면에 정착해 '소주 가씨'를 일군 사람이다. 가의도란 이름은 가태부의 성姓에서 유래되었다고 한다.

가의도는 태안 앞바다 9개의 유인도 가운데 가장 오랜 역사를 가졌고, 중국과도 거리가 가까운 점을 들면 이 주장이 그럴 듯하다. 가의도엔 소주 가씨가 심었다는 450년 된 은행나무가 마을을 지키고 있다.

하늘에서 찍은 가의도의 위성사진을 보면 푸른 바다 위에 일본 지도가 한 장 펼쳐져 있는 것 같다. 일본은 동북에서 남서로 길게 뻗은 열도의 나라이다. 가의도 오른쪽 위로 볼록 솟은 부분은 일본 북쪽의 홋카이도北海道를 닮았으며, 그 아래로 혼슈本州, 시코쿠四國, 규슈九州가 이어진 일본 열도와 비슷하다. 이처럼 동서로 길게 늘어선 섬의 방향과

각각의 외형이 일본 지도를 고스란히 옮겨 놓은 듯하다. 마치 우리 섬 하나가 이웃한 나라를 품고 있듯이.

바깥 세상에 대한 인간의 호기심은 지도의 발명을 낳았다. 「대동여지도」는 우리나라 구석구석을 30여 년간 돌아다닌 한 사람의 생애가 담긴 결과물이다. 인공위성에서 찍은 최근 사진과 비교해 보아도 소름 돋을 정도로 정확히 일치한다. 김정호의 「대동여지도」는 그의 삶 자체이자 조선의 과학이요, 예술이다. 그러나 식민시대의 지도는 제국의 야망을 담아 자연이 만든 경계를 무시하고 억압한다. 그 지도는 제국과 흥망성쇠를 같이한다. 이렇듯 지도가 인간에게 주는 의미와 영향은 실로 막대하다.

『지도의 상상력』을 집필한 일본의 와카바야시若林幹夫는 "지도가 현실을 모방하는 것이 아니라 현실이 지도를 모방한다"고 주장했다. 인공위성에서 찍은 사진처럼 인간과 물리적인 거리가 멀어질수록 지도는 객관적 현실이라고 믿기 쉽다. 그러나 지도는 위도와 경도처럼 항상 객관적 지표 위에만 존재하는 것은 아니다. 인간의 삶 속으로 내려오면 지도는 재구성되어 경계가 옅어지기도 하고 강화되기도 한다. 가의도가 만든 한 장의 일본 지도는 우리에게 많은 것을 생각하게 한다.

효자도

충청남도 보령시 오천면 효자도길(효자도리)에 있는 이 섬에는, 지극한 효성을 보여준 최순혁이라는 사람의 실화가 전한다. 지금부터 100여 년 전 최 씨의 부친이 깊은 병이 들어 사경을 헤매고 있었다. 누군가 지나는 말로 "사람의 살을 먹으면 살아난다"고 하자 망설임 없이 자신의 허벅지살을 도려내어 아버지께 드렸다고 한다. 그때부터 섬 이름이 효자도(孝子島)가 되었다고 한다.

그 밖에 재미있는 유래와 이름을 가진 섬으로는 해금을 닮았다 하여 **행금도**, 반달 모양으로 생겼다 하여 **달리도**, 왕이 나올 형세라 하여 **왕등도**, 매화나무가 많아서 **밀매도**, 광주리처럼 생겼다 하여 **광주도**, 엉덩이(볼기짝)를 닮아 **볼개섬**, 소의 질매(멍에) 모양이라 하여 **질매섬**, 바라볼 것이 아무것도 없어서 **허사도**, 활에 화살을 꽂은 것처럼 보인다 하여 **삽시도**, 해가 뜨면 섬이 유리처럼 맑다고 하여 **유리도**, 유배 온 선비들이 마음과 말이 어눌해졌다 하여 **눌도**, 주변의 다른 섬보다 늦게 주민이 정착하게 되었다고 하여 **만지도**, 물에서 놀고 있는 물고기의 꼬리처럼 생겼다 하여 **어유미도**, 험한 파도에 묻혀 있어 '오지도 말고 가지도 말'라고 **마라도**, 사람이 졸고 있는 것 같다고 하여 졸음섬, 주름섬이라고도 부르는 **조름도** 등이 있다.

대지도 물방울

무인도
전라남도 고흥군 과역면 백일리
북위 34°41′16″ 동경 127°27′33″

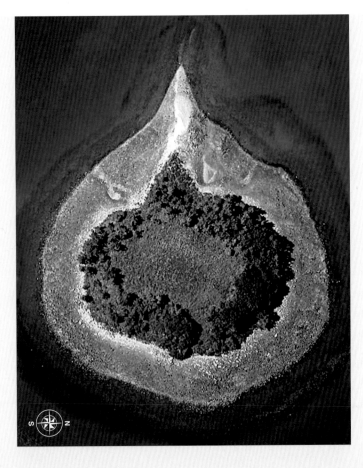

섬에 실제로 사람이 살 수 있느냐 없느냐를 결정할 때 물은 필수적이다. 물의 유무는 곧 생명과 직결되기 때문이다. 섬에 사람이 사느냐 살지 않느냐 하는 사실보다 더 중요한 것은 사람이 살 수 있는 조건을 갖추었느냐 아니냐 하는 문제이다. 어떤 섬이 유인도로 인정받으려면 그 섬에서 물이 나와야 하고, 그 물의 양은 적어도 한 사람이 충분히 생활할 수 있을 정도여야 한다.

바다와 물의 관계는 생각할수록 미묘하다. 바닷물도 물은 물이지만 사람이 식수로 마실 수는 없다. 목이 몹시 마를 때 바닷물을 마시면 갈증이 없어지는 것이 아니라 목이 더 타들어 가게 된다. 바닷물에 녹아 있는 염분이 가장 큰 이유이다. 소금기 짙은 바닷물은 마시는 물로 쓸 수 없다. 그럼에도 바다는 그 소금물로 무수한 생명체를 보듬어 기른다. 도대체 바다의 정체, 아니 비밀은 무엇일까?

대지도는 물의 중요성을 물방울 하나로 표현한 바다가 빚은 예술품이다. 자그마한 녹색 공간을 에워싼 바람막이 숲, 바닷물에 하얗게 씻긴 자갈밭 해변, 짙푸른 바닷물의 세 가지 빛깔이 조화를 이루는 대지도는 인간 세상의 섬이 아니다. 바다가 정교하게 조각해 놓은 한 방울 생명의 물이다.

초록빛 영롱한 투명 물방울로 바다는 무엇을 보여 주고 무엇을 말하려는 것인가? 인간보다 더 정교한 바다의 솜씨를 자랑하려 함인가? 인간의 이성이나 상상력으로는 도저히 풀 수 없는 바다의 신비이다. 파도에 씻긴 하얀 자갈밭은 수정처럼 맑은 생명의 물을, 녹색의 바람막이숲은 생명의 푸름을, 그 둘을 에워싼 옥빛 바닷물은 생명의 탄생을 이야기하려는 것은 아닐까? 바다만이 그 대답을 알 것이다.

송도 기타

유인도
경상남도 창원시 마산합포구 진동면 송도길(진동리)
북위 35°05′29″ 동경 128°29′30″

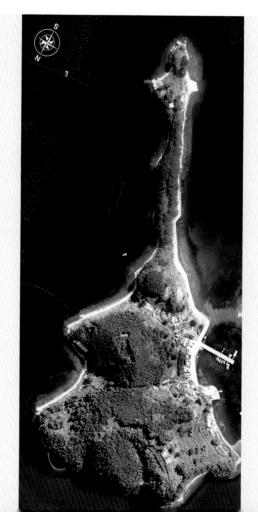

창원시 진동면의 송도는 이름에서 일 수 있듯이 소나무 숲이 유명하다. 조선시대에 고현 지구에 살던 서 씨와 홍 씨 등이 섬으로 이주해 들어오면서 소나무 숲이 생겨났다고 한다. 하늘에서 내려다봐도 소나무가 금방 눈에 띌 정도로 송도는 온통 소나무 천지이다.

소나무는 장수의 상징이며, 추위와 비바람 속에서도 푸름을 잃지 않아 절개와 지조를 갖춘 선비의 나무로 통한다. 그중에서도 바닷바람을 받고 자란 소나무는 해송海松이라 일컫는다. 해송은 바닷바람뿐만 아니라 바람결에 실린 소금기 등 갖은 풍파를 견뎌야 하므로 육지의 소나무만큼 크게 자라지 못한다. 육지의 소나무가 푸름과 우람함을 자랑한다면, 해송은 작지만 단정한 아름다움을 잃지 않는다.

사실 송도라는 이름을 가진 섬은 이곳 말고도 여러 곳에서 쉽게 발견할 수 있다. 소나무가 많은 섬이면 여지없이 송도라는 이름이 붙기 때문이다. 그러니 소나무 숲만으로 진동면의 송도를 다 얘기했다고 할 수 없다. 위성사진으로 본 송도는 솔섬 이미지와는 달리 바다의 소리를 연주하는 전자기타^{electric guitar}처럼 생겼다. 줄을 조이는 기타 머리에서 울림통이 있는 부분까지 길게 뻗은 목은 말할 것도 없고, 배를 대기 위해 섬 허리에 건설한 접안 시설은 마치 트레몰로 암^{tremolo arm}처럼 보여 섬 전체가 전문가용 전자기타의 모습을 온전히 갖추고 있다. 참고로 트레몰로 암은 기타에 부착된 브리지^{bridge}로서, 아래 끝이 기역 자 형태로 구부러진 쇠를 말한다. 연주할 때 누르거나 당겨서 음을 올리거나 내릴 수 있다.

하늘에서 송도를 내려다보면 바다가 연주하는 전자기타 소리가 들리는 것 같지 않은가? 기타 줄을 튕겼다 놓을 때의 짧은 떨림과 달리 기타 줄을 잡고 위아래로 흔들 때의 긴 떨림이 느껴지는가? 파도와 바람, 소나무가 함께 어우러져 비브라토^{vibrato}(목소리나 악기의 소리를 떨리게 하는 기교)가 강한 송도 바다의 연주를 무엇과 비교할 수 있겠는가. 몇 점을 매기면 송도 기타로 연주하는 바다와 섬은 만족해할까?

"열심히 일한 당신, 떠나라!"

기억나시죠? 아니, 여러분에게는 조금 낯설지도 모르겠는데, 한때 크게 유행했던 광고 문구입니다. 평소 우리는 이런저런 일로 쌓이는 스트레스를 어떻게 풀지 수없이 고민합니다. 무인도에서 살아보는 것도 좋은 방법 가운데 하나일 수 있습니다. 아무도 없는 무인도로 가서 하룻밤쯤 야영하면서 밤하늘의 별을 보고 그 별들과 얘기를 나눈다면 어떨까요? 별을 보려면 산꼭대기 천문대로 가도 되지만, 무인도에서 밤하늘의 별과 얘기를 나누는 것도 즐겁지 않을까요?

그런데 이런 생각을 한 번 더 뒤집으면 어떨까요? 예를 들어 상상력을 동원해서 내가 있는 곳과 별이 있는 위치를 바꾸어 보는 것입니다. 무인도에서 하늘의 별을 보며 그 별과 얘기하는 것이 아니라, 거꾸로 별이 있는 그곳으로 나의 위치를 옮겨서 지금 있는 섬들과 얘기를 나눠 보는 방법입니다. 시간을 기준으로 하면 현재에서 미래를 보는 게 아니라 미래에서 현재를 보는 것이지요.

사람이 죽으면 하늘의 별이 된다고 합니다. 참 믿기지 않겠지만, 정말로 우리가 별이 되어 지금 사는 지구의 섬들을 굽어보면 어떨까요? 바다 위에 점점이 떠 있는 섬들이 마치 밤하늘에 흐르는 은하수 같지 않을까요? 그중엔 생텍쥐페리Saint-Exupéry가 『어린왕자Le Petit Prince』에서 말한 별, 소행성 B612처럼 나만의 섬도 있을지 모릅니다. 이 책은 이렇게 새로운 눈으로 소행성(섬) 40개를 골라 상상력으로 각각의 별명을 지어 본 것입니다. 물론, 아직 우리가 주문을 외어 마법을 풀어야 할 섬들이 수두룩하고, 그 별들은 여러분을 기다리고 있습니다.

어른들이 만들어 놓은 틀에서 닫힌 눈으로 보았던 섬들이 살짝 방향만 바꾸어도 얼마나 아름다운지를 잊지 마십시오. 누구나 한 번뿐인 자신의 삶을 다채롭게 디자인하며 살듯이, 여러분만의 섬을 새롭고 독창적인 눈으로 찾아보십시오. 언제나 섬은 그 자리에 있으니까요.

책을 읽는 동안 이미 알아차렸겠지만, 이 책은 섬의 풍습이나 지리적 정보를 전하려는 것이 아닙니다. 그보다는 섬을 바라보는 새로운 시각, 즉 각도를 달리해서 섬을 보려는 데 목적이 있습니다. 여기엔 섬을 보는 시각의 독창성과 섬에 대한 이해의 상상력을 길렀으면 하는 우리의 바람도 담겨 있습니다. 그래서 지금껏 우리가 보아 왔던 섬을 전혀 다른 시각, 다시 말해 '하늘에서 본 우리들의 섬' 이야기를 들려주고 싶었습니다.

놀랍고도 신비로운 섬에 다녀오신 기분이 어땠나요? 발견의 눈으로 다시 본 우리의 섬들이 재미있었습니까? 정말로 그 섬은 아주 멀리 있는 섬이었습니까, 아니면 가까이 있는 섬이었습니까? 만약 그 섬으로 다시 가 보고 싶으면

'눈을 감고' 각자 '망막 너머에 있는 섬들'에게 한 번 더 주문을 외쳐 보십시오. 어쩌면 '하늘에서 본 섬'과는 '또 다른 형태의 섬'이 여러분에게 초대장을 보낼지 모릅니다.

"열려라, 섬!
나와라, 섬!"

사진에 도움 주신 분

다음 지도(http://map.daum.net)

픽사베이(http://pixabay.com)

참고문헌

국토지리정보원, 2008, 『한국지명유래집_중부편』, 국토해양부 국토지리정보원.

국토지리정보원, 2010, 『한국지명유래집 _전라·제주편』, 국토해양부 국토지리정보원.

내무부, 1985, 『도서지島嶼誌』, 내무부.

목포대학교 임해지역 연구소, 1996, 『한국도서백서』, 내무부.

이우평, 2002, 『고교생을 위한 지리 용어사전』, ㈜신원문화사.

이재언, 2010, 『한국의 섬 _1. 전남 여수』, 아름다운 사람들.

이재언, 2011, 『한국의 섬 _2. 전남 완도』, 아름다운 사람들.

한국지구과학회, 2009, 『지구과학사전』, 북스힐.

한국학중앙연구원 편집부 편, 2009, 『한국민족문화대백과』, 한국학중앙연구원.

인터넷 사이트

가보고 싶은 섬, 한국해운조합 http://island.haewoon.co.kr/

국토포털, 국토지리정보원 http://www.land.go.kr

네이버 지식백과 http://terms.naver.com

두산백과사전 두피디아 http://www.doopedia.co.kr

바다여행, 한국어촌어항협회 http://vill.seantour.com/

연안포털, 해양수산부 http://www.coast.kr

위키백과 http://ko.wikipedia.org/

지역정보포털, 한국지역진흥재단 http://www.oneclick.or.kr/

한국섬선교회 http://www.ksum.org/g4/index.php